Jürgen Cordes

ROBUSTE REGELUNG EINES ELASTISCHEN TELESKOPARMROBOTERS

Fortschritte der Robotik

Herausgegeben von Walter Ameling und Manfred Weck

Band 1
Hermann Henrichfreise
Aktive Schwingungsdämpfung an einem elastischen Knickarmroboter

Band 2
Winfried Rehr (Hrsg.)
Automatisierung mit Industrierobotern

Band 3
Peter Rojek
Bahnführung eines Industrieroboters mit Multiprozessoren

Band 4
Jürgen Olomski
Bahnplanung und Bahnführung von Industrierobotern

Band 5
George Holling
Fehlerabschätzung von Robotersystemen

Band 6
Nikolaus Schneider
Kantenhervorhebung und Kantenverfolgung in der industriellen Bildverarbeitung

Band 7
Ralph Föhr
Photogrammetrische Erfassung räumlicher Informationen aus Videobildern

Band 8
Bernhard Bundschuh
Laseroptische 3D-Konturerfassung

Band 9
Hans-Georg Lauffs
Bediengeräte zur 3D-Bewegungsführung

Band 10
Meinolf Osterwinter
Steuerungsorientierte Robotersimulation

Band 11
Markus a Campo
Kollisionsvermeidung in einem Robotersimulationssystem

Band 12
Jürgen Cordes
Robuste Regelung eines elastischen Teleskoparmroboters

Vieweg

Fortschritte der Robotik 12

Jürgen Cordes

ROBUSTE REGELUNG EINES ELASTISCHEN TELESKOPARMROBOTERS

Die Deutsche Bibliothek – CIP-Einheitsaufnahme

Cordes, Jürgen:
Robuste Regelung eines elastischen Teleskoparmroboters
Jürgen Cordes. – Braunschweig; Wiesbaden: Vieweg, 1992
(Fortschritte der Robotik; 12)

NE: GT

Fortschritte der Robotik

Exposés oder Manuskripte zu dieser Reihe werden zur Beratung erbeten an:
Prof. Dr.-Ing. Walter Ameling, Rogowski-Institut für Elektrotechnik der RWTH Aachen, Schinkelstr. 2, D-5100 Aachen
oder
Prof. Dr.-Ing. Manfred Weck, Laboratorium für Werkzeugmaschinen und Betriebslehre der RWTH Aachen, Steinbachstr. 53, D-5100 Aachen
oder an den
Verlag Vieweg, Postfach 58 29, D-6200 Wiesbaden.

Diss. U. Bremen, FB Elektrotechnik / Physik

Der Verlag Vieweg ist ein Unternehmen der Verlagsgruppe Bertelsmann International.

Umschlaggestaltung: Wolfgang Nieger, Wiesbaden
Gedruckt auf säurefreiem Papier

ISBN-13: 978-3-528-06460-0 e-ISBN-13: 978-3-322-87813-7
DOI: 10.1007/978-3-322-87813-7

Vorwort

Die vorliegende Arbeit entstand während meiner Tätigkeit als wissenschaftlicher Mitarbeiter im Institut für Automatisierungstechnik des Fachbereiches 1 (Elektrotechnik/Physik) der Universität Bremen.

Herrn Prof. Dr.-Ing. Günter Ludyk danke ich für die großzügige Unterstützung der Arbeit sowie für die Anregungen, mit denen er die Arbeit gefördert hat. Dank gebührt ihm auch für die Übernahme des ersten Gutachtens. Herrn Prof. Dr.-Ing. Dobrivoje Popović danke ich für die Erstellung des zweiten Gutachtens.

Wesentliche Teile der vorliegenden Arbeit entstammen dem vom Bundesministerium für Forschung und Technologie (BMFT) geförderten Projekt *TELMAN* (TELeskoparm-MANipulator in Leichtbauweise), das unter der Federführung der Bremer Firma MBB-ERNO Raumfahrttechnik durchgeführt wurde. Für die gute Kooperation und die vielfältigen fruchtbaren Diskussionen möchte ich stellvertretend Herrn Dr.-Ing. Stefan Graul danken. Ohne ihn und seine Kollegen wäre die Arbeit nicht möglich gewesen.

Allen Mitarbeitern des Instituts für Autmatisierungstechnik möchte ich für die vielen guten Diskussionen, für die gute Zusammenarbeit und für die freundschaftliche und hilfsbereite Atmosphäre danken. Mein besonderer Dank gilt den Herren Dr.-Ing. Hans-Werner Philippsen und Dr.-Ing. Peter Walerius für die langjährige außerordentlich erfolgreiche gemeinsame Zeit an der Universität Bremen. Für die vielen interessanten Diskussionen im Projekt *TELMAN* bin ich den Herren Dr.-Ing. Cecil Bruce-Boye und Dr.-Ing. Shuqiang Zong sehr dankbar.

Abschließend gilt mein Dank den technischen Mitarbeitern Herrn Dipl.-Ing. Lothar Renner und Herrn Dipl.-Ing. Erwin Wendland für ihre stets gezeigte außerordentliche Hilfsbereitschaft bei der Lösung der technischen Probleme bei Aufbau und Betrieb des institutseigenen Versuchsstandes zum Testen von Regelalgorithmen für elastische Roboter.

Bremen, im Juni 1991 Jürgen Cordes

Inhaltsverzeichnis

Bildverzeichnis

Tabellenverzeichnis

Kapitel 1

Einleitung

1.1 Problemstellung

Zukünftige Roboter werden ein immer kleineres Eigengewicht besitzen. Die wesentlichen Gründe für die Verringerung der Eigengewichte der beweglichen Roboterteile sind in der Einsparung von Antriebsenergie, der Erhöhung der Bewegungsgeschwindigkeit und in der Einsparung von Material zu finden. Nicht zuletzt ist die Weltraumfahrt auf der Suche nach Robotern, die leicht und damit kostengünstig in den Orbit transferierbar sind.

Kennzeichen der heutigen Industrieroboter ist das sehr schlechte Verhältnis von Eigengewicht zu Nutzlastgewicht. Um dieses Verhältnis zu verbessern, bieten sich verschiedene Veränderungen an. Eine wesentliche Möglichkeit stellt dabei die Verringerung der Armmassen dar. Eine andere Lösung könnte die Gewichtsverringerung der Antriebe sein.

Ein kleineres Armgewicht führt aber gleichzeitig zu einem Verlust an notwendiger Steifigkeit der Armkonstruktion und damit zu unerwünschten Schwingungen. Auch wenn neuere und leichtere Werkstoffe, wie beispielsweise Carbonfaser-Kunststoffe (CFK), mit guten Steifigkeitseigenschaften zur Gewichtsverringerung beitragen, bietet sich die aktive Schwingungsdämpfung mit Hilfe von Regelungseinrichtungen an. Die Verringerung der Antriebsgewichte läßt sich durch konstruktive Maßnahmen im Antrieb (andere Materialien), als auch durch Verwendung von Torquer Antrieben ohne Getriebe erreichen. Während die erstgenannte Möglichkeit im Mittelpunkt dieser Arbeit steht, sei die Verringerung der Antriebsgewichte nur der Vollständigkeit halber aufgeführt.

Die große Mehrzahl von Forschungsberichten behandelt elastische Roboter mit rotatorischen Gelenken, wobei mit der Anzahl der Freiheitsgrade die Anzahl der Veröffentlichungen abnimmt. Es hat sich jedoch gezeigt, daß translatorische Gelenke eine wesentliche Verbesserung in die dynamischen Bewegungsmöglichkeiten eines Roboters bringen. In einer internen Studie des Hauses MBB-ERNO [24] wird gezeigt, daß translatorische Gelenke

- weniger Energie verbrauchen,

- kleinere Rückwirkungskräfte bewirken,
- kinematische Vorteile bringen.

Die Zielrichtung Weltraumfahrt macht die Leichtbauweise notwendig, so daß translatorische Gelenke zwischen leichten, und somit elastischen Armen das Thema eines Forschungsprojektes unter der Leitung der Bremer Firma MBB-ERNO Raumfahrttechnik GmbH wurde. In der Förderung des Bundesministeriums für Forschung und Technologie (BMFT) entstand das Projekt *TELMAN* (TELeskoparm MANipulator), an dem neben der Universität Bremen und MBB-ERNO noch zwei weitere Hochschulinstitute und eine Firma aus dem Mittelstand beteiligt waren. Das Projekt *TELMAN* untersucht die technologischen Probleme, und hierbei speziell auch die regelungstechnischen Schwierigkeiten, die bei der Anwendung von teleskopartigen Gelenken in Roboterstrukturen für Weltraumanwendungen entstehen. Zu diesem Zweck entstand innerhalb der Projektlaufzeit (1.1.89 bis 30.06.91) ein erdgebundenes Labormodell eines Teleskoparmsegmentes, das eine praktische Erprobung aller technischen Einrichtungen für ein translatorisches Gelenk erlaubt. Die gewonnenen Ergebnisse lassen sich somit auch leicht auf terrestrische Anwendungen übertragen.

Diesem ersten Schritt, der Erprobung eines Teleskoparmroboters auf der Erde soll demnächst als zweiter Schritt die Erstellung eines flugfähigen Roboters folgen, der dann eventuell in der Spacelab Mission D3 oder bei zukünftigen europäischen Raumfahrtprojekten getestet werden könnte.

1.2 Literaturübersicht

In der Literatur wird momentan eine Vielzahl von Berichten zum Thema Regelung elastischer Roboter veröffentlicht. Eine gute Übersicht zur Modellierung elastischer Roboter geben KOPACEK, DESOYER, LUGNER [42]. Als Übersicht bezüglich der Regelung elastischer Roboter läßt sich TROCH, KOPACEK [74] anführen.

Historisch gesehen stammen die ersten Ansätze zur Modellierung elastischer Roboter aus dem Bereich der flexiblen Strukturen, wie sie z. B. bei Weltraumteleskopen vorkommen. In dieser Aufgabenstellung geht es nur um die Modellierung der als klein angenommenen elastischen Auslenkungen. Das Problem bei elastischen Robotern ergibt sich jedoch aus der Verknüpfung von großen Starrkörperbewegungen mit den meist als klein betrachteten elastischen Bewegungen. Es entsteht in der Regel ein sehr aufwendiges, nichtlineares und zeitvariantes Modell. Das Aufstellen der Systemgleichungen ist nur in Einzelfällen mit wenig Aufwand verbunden, z. B. wenn es nur um einen einzelnen Balken ohne rotatorische Bewegung wie bei SADEK [68] geht. Sowie jedoch eine rotatorische Bewegung des Balkens hinzukommt, wird ein Ansatz nach LAGRANGE (TRUCKENBRODT [75]) oder nach dem Prinzip von D'ALEMBERT (GEBLER [22] und BREMER [7]) notwendig sein, um alle dynamischen Einflüsse zu erfassen, die bei der Bewegung von Roboterarmen relevant sind. Die Auswertung dieser Ansätze muß meistens von Hand ausgeführt werden, was sehr aufwendig und fehleranfällig ist. Einzelne, auf spezielle Roboterstrukturen zugeschnittene Programmsysteme erlauben jedoch auch die Auswertung mit dem Rechner, so z. B. das Programm von JOHANNI [35]. Daneben gibt es die Möglichkeit, mit Hilfe von symbolischen Gleichungsmanipulatoren die Auswertung der oben erwähnten Variationsprinzipien vornehmen zu lassen. Die symbolischen Programmpakete, wie z. B. REDUCE oder MAPLE, benötigen jedoch sehr viel Speicherplatz und Zeit, so daß ihr Einsatz auf Probleme mit sehr wenigen Freiheitsgraden beschränkt bleibt.

Das Ziel der Modellbildung ist es, eine geeignete Basis für die Konzeption und den Entwurf der Regelung zu finden. Das erstellte Modell sollte das zu regelnde System so genau beschreiben, wie es für einen Reglerentwurf notwendig ist. Das Ziel der Regelung auf dem Gebiet der elastischen Roboter ist normalerweise die hinreichend genaue Positionierung der Nutzlast an der Armspitze. Diesem Ziel untergeordnet benötigen elastische Roboter eine aktive Dämpfung der Armelastizitäten, um eine gute, beispielsweise überschwingfreie Positionierung der Nutzlast zu erzielen. Diese beiden Zielsetzungen werden daher auch in einer Vielzahl von Veröffentlichungen zum Thema Reglerentwurf verfolgt. Neben diesem „Softwareteil" wird natürlich auch eine Verbesserung der Regelungshardware des Roboteraufbaus angestrebt, so daß sich die Veröffentlichungen in die folgenden Teilgebiete einteilen lassen. Die Einteilung läßt sich nicht immer genau vornehmen, da manche Autoren mehrere Gebiete gemeinsam untersuchen.

1. Roboteraufbau (Der Roboter selbst mit seiner Kinematik, seinen Werkstoffen, seinen Freiheitsgraden)
2. Regelungshardware (Einrichtungen zur Realisierung der Regelung)
   (a) Antriebe
   (b) Meßeinrichtungen
   (c) Prozeßrechner
3. Reglerentwurf (Regelungssoftware)

In unterschiedlichen Zusammenstellungen finden sich die oben genannten Komponenten im geschloßenen Regelkreis am Roboter wieder. Auf der Antriebsseite werden neben den Standardmotoren wie Gleichstrommotor, Schrittmotor oder bürstenloser Getriebemotor auch neuere Konzepte wie z. B. der Direct-Drive Antrieb bei ASADA, YOUCEF-TOUMI [4] getestet. Zielrichtung bei der Antriebsauswahl ist dabei die Minimierung des Motorgewichtes und die Minimierung von Nichtlinearitäten. Hydraulische oder pneumatische Antriebe spielen kaum eine Rolle.

Neben den Motoren werden auch anders geartete Stellglieder zur Dämpfung von elastischen Schwingungen eingesetzt. SHI, ATLURI [71] berichten von den Möglichkeiten, die piezo-elektrische Aktuatoren eröffnen. Diese können in Folienform an verschiedenen Stellen auf der Oberfläche des Schwingers angebracht werden, und bewirken beim Anlegen einer externen elektrischen Spannung, die auch aus einer Regelungseinrichtung kommen kann, eine Dämpfung von Schwingungen. Wie auch BURKE, HUBBARD JR. [10] zeigen sie die Dämpfungseigenschaften in Simulationen an einzelnen Balken, bzw. an einer Raumfahrtstruktur. Eine andere Art der Schwingungsdämpfung verfolgen KUNTZE, HIRSCH [46], die ein neuartiges Mechatronikkonzept für eine dezentrale Schwingungsabsorbtion an der Roboternutzlast einsetzen. Der Schwingungsdämpfer wirkt wie ein Stellglied im Regelkreis, und kann so mit Hilfe einer Regelung geeignet angesteuert werden. Sowohl das piezo-elektrische als auch das mechatronische Konzept besitzen große Vorteile bezüglich des Energieverbrauchs und des Eigengewichtes.

Auch auf der Prozeßrechnerseite gibt es verschiedenartige Realisierungen. Da eine sehr große Rechenleistung gefragt ist, kommen nur sehr schnelle Rechner wie z. B. die Motorola Prozessoren der 68000-er Serie bei SPONG, THORP, KLEINWAKS [73] oder der Signalprozessor TMS32010 bei HANSELMANN [27] zur Anwendung. Die Programmierung erfolgt in der Regel in Assembler, um die Rechengeschwindigkeit der Prozessoren auch vollständig zu nutzen. Es gibt jedoch auch Beispiele für die Benutzung von Hochsprachen bei rechenzeitkritischen Anwendungen, wie z. B. FUSS, JÜRGENS [21]. In diesem Fall wurde PEARL (Process and Experiment Automation Real-time Language) verwendet.

Der dritte wichtige Hardwarekomplex für die Regelung sind die Meßgeräte. Auch hier existiert eine große Vielfalt an verschiedenen Meßmethoden sowohl für die Starrkörperbewegungen als auch für die elastischen Bewegungen. Die Messung der Starrkörperbewegungen erfolgt meistens am Antriebsmotor mit einem Inkrementalgeber oder einem Resolver. Daneben finden sich häufig Tachometermaschinen zur Messung der Geschwindigkeit. Bei elektronisch kommutierten Motoren können die Meßsignale auch der Motorelektronik entnommen werden. Die elastischen Bewegungen lassen sich auf zwei verschiedene Arten erfassen. Beschleunigungsmesser, die an der Nutzlast angebracht werden, liefern ein Signal, das zweimal integriert der Position der Nutzlast proportional ist. Diese Art der Messung wird beispielsweise bei WELLS, SCHUELLER, TLUSTY [81] beschrieben. Die überwiegende Mehrzahl der Autoren erfaßt die elastischen Bewegungen mit Dehnungsmeßstreifen (DMS). Eine beispielhafte Beschreibung hierfür läßt sich bei HASTINGS, BOOK [28] finden. Die DMS bieten im Vergleich zu der Beschleunigungsmessung den großen Vorteil, daß sie die lokalen Dehnungen messen. Beschleunigungsmesser ermitteln im Gegensatz hierzu globale Meßwerte, die auch von benachbarten Kraft- oder Momenteinwirkungen stammen können. Daneben existieren auch die ersten Ergebnisse mit externen, meist optischen Positionsmeßverfahren. Beispielsweise benutzen ROVNER, FRANKLIN [67] LED's in Verbindung mit einem oberhalb des Armes angebrachten Photodetektor. WANG, VIDYASAGAR [78] messen die Auslenkungen ihres Armes mit Hilfe eines LED Spiegel Systems, dessen Signale von einer oberhalb der Rotationsachse angebrachten CCD-Kamera aufgenommen werden. Mit Hilfe von drei Halbleiter Laserdioden und drei lichtempfindlichen Detektoren werden die elastischen Auslenkungen und Verdrehungen eines elastischen Balkens in DEMEESTER, VAN BRUSSEL [16] gemessen. Die Signale der am freien Armende angebrachten Detektoren können in Echtzeit von einem Rechner ausgewertet werden. Das vorgestellte System hat eine Bandbreite von über 50 Hz und besitzt eine Genauigkeit von 3μm bei $\pm$ 5 mm Meßbereich bzw. 7μrad bei ± 14 mrad. Die direkte Positionsmeßung ermöglicht auch die Kompensation von Störungen, wie sie beispielsweise durch Getriebelose in das Robotersystem eingekoppelt werden. Als Nachteil ist der erhöhte Aufwand anzusehen.

Der zweite Komplex neben der Hardwareseite ist der Regler und die Entwurfsverfahren, die zu einem realisierbaren Regler führen. Den Nachweis, daß die bei starren Robotern gängigen PD-Gelenkregler bei elastischen Armen nicht mehr ausreichen, führt KLEEMANN [40]. SHUNG, VIDYASAGAR [72] zeigen sogar, daß ein konventioneller PI-Regler zu einem instabilen Regelkreis führt, wenn man nur die Position der Armspitze mißt. Die Messung der elastischen Bewegungen, sowie deren Rückführung erweist sich als Notwendigkeit, die wesentlichen Einfluß auf die Konzeption der zu entwerfenden Regelung hat. Dabei ergab sich zunächst das Problem, daß die Geschwindigkeiten der elastischen Bewegungen nicht direkt meßbar sind. Daher werden diese für eine Rückführung notwendigen Zustände häufig mit einem Beobachter rekonstruiert. Als Beispiel für den Reglerentwurf mit Beobachter seien NICOSIA, TOMEI, TORNAMBÈ [57] genannt, die einen nichtlinearen Beobachter in Simulationen für einen einzelnen, rotatorischen Freiheitsgrad testen. Im praktischen Versuch stellen FUSS, JÜRGENS [21] die Robustheit eines Beobachters nach KUREK [47] unter Beweis, der ohne die Systemeingangsgröße auskommt. Neben den Beobachtern werden auch Identifikationseinrichtungen eingesetzt, um nicht meßbare Größen zu ermitteln. (siehe weiter unten)

Einzelne rotierende Balken stehen meist im Mittelpunkt für die Untersuchungen mit verschiedenen Reglerentwurfsverfahren. Gute Beispiele für dieses Robotermodell sind in den Veröffentlichungen von SHUNG, VIDYASAGAR [72], SAKAWA, LUO [70], WANG, VIDYASAGAR [78] oder FUSS, JÜRGENS [21] zu finden. Sie alle beschreiben den vollständigen Ablauf des Reglerentwurfs von der Modellbildung bis zur Reglerrealisierung im praktischen Versuch. Sie unterscheiden sich aber in der Art des Reglerentwurfs.

Die meisten Reglerentwürfe werden mit Hilfe der Optimierung verschiedener Gütekriterien durchgeführt. Schon 1978 zeigte BALAS [5], wie eine Rückführung für einen elastischen Balken auf der Basis eines Gütefunktionals entworfen werden kann, das die Energie der zu regelnden Eigenbewegungen eines Systems aufsummiert. CANNON, SCHMITZ [11] entwerfen einen optimalen Regler mit ausschließlicher Bewertung des Endzustandes. Sie erproben ihr Ergebnis an einem extrem flexiblen, rotierenden Arm, der aus zwei parallelen Blechen mit Querverstrebungen für vertikale Steifigkeit und Torsionssteifigkeit besteht. Mit Hilfe eines Identifikationsalgorithmus im geschloßenen Regelkreis erzielen sie eine recht gut gedämpfte Sprungantwort der Armspitze. Als ein Beispiel aus der jüngeren Vergangenheit seien SAKAWA, LUO [70] zitiert, die mit Hilfe der Minimierung eines Gütefunktionals einen Regler entwerfen, der eine Dämpfung der elastischen Bewegungen bewirkt. Im Gütefunktional werden die Zustände und die Stellgröße bewertet. In dieser Arbeit werden neben den Biegeschwingungen auch Torsionsschwingungen untersucht. In Simulationen weisen sie nach, daß in der Sprungantwort die elastischen Bewegungen sehr schnell verschwinden.

Einen anderen Ansatz zum Entwurf eines Reglers im Zustandsraum benutzen KÄRKKÄINEN, HALME [38], die zunächst eine Modaltransformation des Modells durchführen. Die einzelnen elastischen Modes werden dann nur noch durch eine Dämpfungskonstante und ihre Eigenfrequenz charakterisiert. Anschließend kann jeder einzelne Mode getrennt beeinflußt werden.

Neben dem Entwurf im Zustandsraum wird auch der Frequenzbereichsentwurf beschrieben. OWER, VAN DE VEGTE [60] entwerfen mit Hilfe des Bode-Diagrammes einen Regler für einen ebenen Knickarmroboter, wobei sie die Daten des Space Shuttle Remote Manipulators benutzen.

Ein großes Problem bei der Regelung von Robotern ist die Tatsache, daß sich die Parameter der Modelle im Betrieb zum Teil sehr stark ändern. Die Gründe hierfür sind einmal in sich ändernden Betriebsparametern, wie z. B. der Nutzlast zu suchen, zum anderen müssen auch Modellierungsungenauigkeiten bei gesteigerten Positionieranforderungen berücksichtigt werden. Somit erfreut sich das Gebiet der robusten Regelung zunehmender Aufmerksamkeit. Die Anzahl der Veröffentlichungen zur robusten Regelung von elastischen Robotern ist jedoch bis jetzt recht klein. Es gibt zwei verschiedene Wege um zu einer robusten Regelung zu kommen. Der erste Weg arbeitet mit einem konstanten Regelgesetz, während der zweite Weg eine adaptive, also zeitveränderliche Strategie verfolgt.

Die robuste Regelung mit konstanten Parametern versucht, die Modelländerungen und -ungenauigkeiten mit in den Entwurf einzubeziehen. So entwerfen KOROLOV, CHEN [43] einen nichtlinearen Zustandsregler, der nur eine Information über eine obere Schranke für die Parameterunsicherheiten benötigt. In der Anwendung auf einen elastischen, einarmigen Roboter weisen sie in Simulationen ein gutes Verhalten trotz verschiedenartiger Störungen nach. Die genannte Arbeit stellt jedoch eine Ausnahme dar, fast alle Arbeiten zur robusten Regelung befassen sich mit Starrkörperrobotern. Das Entwurfsprinzip für den genannten nichtlinearen Regler basiert auf einer Arbeit von BREINL, LEITMANN [6].

Den adaptiven Weg beschreibt z. B. LANDAU [48], der für den auch in [11] verwendeten Arm einen adaptiven Polvorgabe Regler entwirft und im Versuch testet. Der Aufwand im Rechner steigt jedoch erheblich an, so daß sehr leistungsfähige Rechner notwendig sind. LANDAU zeigt auch, daß die für starre Roboter entworfenen Konzepte im Falle der elastischen Roboter versagen, da hier positive Nullstellen im System vorhanden sind, die z. B. mit den adaptiven Modell Referenz Reglern zu instabilem Verhalten führen. Er setzt daher den adaptiven Polvorgabe Algorithmus ein, der die Reglerparameter mit Hilfe einer Identifikationseinrichtung einstellt.

Ein ganz wesentlicher Faktor bei der Änderung der Modellparameter ist die Nutzlast. Deshalb gibt es einige Autoren, die speziell nur die Nutzlast identifizieren, um mit dieser Information ihren Regler an die veränderten Betriebsbedingungen anzupassen. ROVNER, FRANKLIN [67] benutzen die Übertragungsfunktion zwischen Armspitze und Antriebsdrehmoment, in der die Nutzlastmasse explizit erscheint. Mit Hilfe eines Identifikationsalgorithmus, der die Nutzlastmasse aus den gemessenen Signalen herausfiltert, werden anschließend verschiedene, vorher entworfene Regler umgeschaltet, wobei sich gute praktische Ergebnisse einstellen. In einer Arbeit von MENQ, CHEN [56] wird ein Verfahren vorgestellt, das auf einer Trennung der Nutzlast und der übrigen Massen im System beruht. Mit Hilfe eines Gradienten Verfahrens läßt sich dann die Nutzlast explizit schätzen und in einer Regleradaptionseinrichtung verwenden. Es werden Simulationsergebnisse gezeigt.

In praktischen Laborversuchen untersuchen YURKOVICH, TZES [82] einen adaptiven PID-Regler an einem elastischen Roboterarm. Trotz Veränderung der Nutzlast oder Störungen von der Umwelt erreicht der geregelte Roboter ein immer wieder gleiches Übergangsverhalten. Auch FELIU, RATTAN, BROWN JR. [19] zeigen an einem Laborroboter, dessen Arm aus einem dünnen Kabel besteht und auf einem Luftkissen gleitet, daß eine sehr einfache, analytische Identifikation der wesentlichen Eigenfrequenz des Systems ausreichend sein kann, um die Verstärkung des Reglers geeignet anzupassen. Die Eigenfrequenz ist direkt abhängig von der Nutzlast. Die Versuchsergebnisse zeigen, daß unter bestimmten Bedingungen eine Anpassung der Reglerparameter sogar notwendig ist, da anderenfalls der Regelkreis instabil wird.

Eine andere Art der Schwingungsdämpfung, die man auch als passive Methode bezeichnet, beschreiben WELLS, SCHUELLER, TLUSTY [81]. Sie benutzen Spline Interpolationen, um die „Ecken" in den Sollbahnen abzurunden. Durch die glatten Übergänge werden die elastischen Bewegungen weniger stark angeregt.

Nachteilig bei den meisten Veröffentlichungen zur Regelung elastischer Roboter ist nur, daß sie nicht das Stadium der Realisierung erreichen. Die hier dargestellte Auswahl darf nicht darüber hinweg täuschen, daß die weitaus größere Anzahl von Veröffentlichungen mit Simulationen enden. Ausnahmen bilden auch die beiden im folgenden Absatz angesprochenen Arbeiten.

Bis jetzt befassen sich sehr wenige Arbeiten mit komplexeren elastischen Robotern. Zwei Beispiele für Untersuchungen von elastischen Knickarmrobotern stammen von KLEEMANN [40] und HENRICHFREISE [32]. In beiden Arbeiten wird von der theoretischen Modellbildung über den Reglerentwurf bis hin zu praktischen Versuchsergebnissen berichtet. Während bei der erstgenannten Arbeit der Schwerpunkt mehr auf der Erprobung verschiedener Reglerkonzepte zur genauen Positionierung der Armspitze eines Roboters mit zwei vertikal wirkenden, rotatorischen Freiheitsgraden liegt, benutzt die zweite Arbeit dieses Ziel zur Untersuchung des Einflusses nichtlinearer Reibkräfte und implementiert die Regelalgorithmen in einem sehr schnellen Signalprozessorsystem.

Wesentlich seltener sind bis jetzt Veröffentlichungen zu finden, die sich mit der aktiven Dämpfung von Schwingungen befassen, die bei translatorischen Bewegungen entstehen. Auch haben Roboter mit translatorischen Gelenken bis jetzt kaum Aufmerksamkeit auf sich lenken können. WANG, WEI [80] untersuchen in diesem Zusammenhang, inwieweit durch die translatorische Bewegung ein instabiles Systemverhalten entstehen kann. Der Roboterarm (ausgefahren 16 m lang) wird bei ihren Versuchen mit einer Geschwindigkeit von 40 cm/s prismatisch bewegt. Sie stellen fest, daß bei sehr schwach gedämpften Armen in der Ausfahrbewegung ein aufschwingendes Verhalten auftreten kann, wenn die Elastizitäten geeignet angeregt wurden. In einer weiteren Arbeit entwerfen WANG, WEI [79] für einen Roboter mit zwei translatorischen und einem rotatorischen Freiheitsgrad einen einfachen Regler. Unter Benutzung der Regelabweichungen für Position und Geschwindigkeit stellen sie eine PD-Regelung vor. In Simulationen wird ein Übergangs- und Positionierverhalten nachgewiesen, bei dem die elastischen Schwingungen erst nach etwa 8 Sekunden verschwinden. Diese Zeitdauer erscheint trotz des relativ langen Armes, den sie benutzen, zu lang.

Im Gegensatz zur prismatischen Bewegung untersuchen CHALHOUB, ULSOY [13] eine zweiteilige, teleskopartige Konstruktion, die auch einen rotatorischen Freiheitsgrad für eine Drehung in der vertikalen Ebene besitzt. Sie entwerfen einen PI-Zustandsregler, der für die überschwingfreie Positionierung der Armspitze und ein schnelles Abklingen der elastischen Bewegungen sorgt. Der Nachteil bei dieser Untersuchung ist jedoch, daß sie auf Grund der Armkonstruktion nur den beweglichen Armteil als elastisch annehmen. Das Reglerkonzept enthält eine Zustandsrückführung mit überlagertem Integralregler. In einer weiteren Arbeit [12] untersuchen die gleichen Autoren das vorher in Simulationen untersuchte Modell in praktischen Tests. Trotz eines sehr langsamen Rechners (PC/XT) und der Beschränkung auf einen elastischen Freiheitsgrad bei alleiniger vertikaler Rotation des Versuchsgerätes erreichen sie eine Verringerung der Auslenkungsamplituden um mehr als 50%. Die Messung der Biegungen wird mit Beschleunigungmessern an der Nutzlast durchgeführt. Auf Grund der Rechnerkapazität wird von drei möglichen Starrkörperfreiheitsgraden (zwei rotatorische, ein translatorischer) nur die vertikale Rotation benutzt, da die Rechnergeschwindigkeit ein gleichzeitiges Verfahren aller Achsen nicht zuläßt. Außerdem wurde der bewegliche Armteil so ausgelegt, daß eine sehr niedrige erste Eigenfrequenz ($\approx$ 6 Hz) eine große Abtastperiode (0.024 s) ermöglicht. Neben der guten Dämpfung durch ihren PI-Zustandsregler erzielen sie auch eine gute qualitative Übereinstimmung zwischen Simulation und Versuch.

Neben der Untersuchung der Regelung befaßt sich letztgenannte Arbeit auch mit dem sogenannten Beobachtungs- und Steuerungs-Spill-Over. Mit diesem Wort ist das Problem gemeint, daß im Meßsignal auch Anteile höherer Eigenfrequenzen enthalten sind, bzw. daß das Steuerungssignal möglicherweise auch höhere Eigenfrequenzen anregen könnte. Es wird in Simulationen gezeigt, daß beide Problemkreise zur Instabilität des Systems führen können. Gleichzeitig erfolgt auch der Hinweis, daß die Spill-Over Effekte durch die immer vorhandene Materialdämpfung der Arme und besonders durch Tiefpaßfilter in den Ein- und Ausgängen des Rechners klein gehalten werden können.

Eine weitere, allerdings theoretische Arbeit stammt von CHEAH [14]. Im Mittelpunkt dieser Arbeit steht ein elastischer Arm mit einem translatorischen und einem rotatorischen Freiheitsgrad. Wie bei CHALHOUB, ULSOY wird gleichfalls nur der bewegliche Teil des Armes als elastisch angenommen, während das feststehende Teilstück als Starrkörper betrachtet wird. In Simulationen werden die elastischen Bewegungen des ungeregelten Roboterarmes unter verschiedenen Betriebsbedingungen untersucht. Wie bei WANG, WEI treten auch in diesen Simulationen Instabilitäten in der Ausfahrbewegung auf, wenn die Dämpfung genügend klein ist.

1.3 Ziel und Aufbau der Arbeit

Diese Literaturübersicht zeigt deutlich, daß im Bereich der Regelung elastischer Roboter nur spezielle Konzepte für einen sehr eng eingegrenzten Betriebsbereich entworfen werden.

Schwerpunkt ist dabei die Regelung von elastischen Robotern mit rotatorischen Gelenken. Die Tests werden in der Regel auf Simulationsbasis durchgeführt, wenn man von den wenigen genannten Ausnahmen absieht. Speziell die praktische Erprobung von elastischen Robotern mit translatorischen Gelenken wird in der Literatur äußerst selten erwähnt. Somit stammen die Themengebiete der vorliegenden Arbeit aus drei Bereichen, die in der letzten Zeit wenig behandelt werden, obwohl der Themenkomplex „Regelung elastischer Roboter“ sehr aktuell ist. Die wesentlichen Themen in dieser Arbeit sind :

- Elastischer Roboter mit translatorischem Gelenk
- Robuster Regler mit konstanten Parametern für einen großen Betriebsbereich
- Vorbereitung von praktischen Tests an einem Versuchsroboter

Aus diesen Überlegungen heraus entstand gemeinsam mit der Firma MBB-ERNO die Idee, einen Versuchsstand zu entwickeln, an dem neben den oben genannten Problemkreisen auch noch technologische Fragestellungen getestet werden konnten. Schwerpunkte waren hier die Werkstoffe und die Fertigung der Roboterarme sowie die Entwicklung eines teleskopartigen Gelenkes für Weltraumeinsätze. Neben diesen Punkten war die Entwicklung eines geeigneten Regelungskonzeptes zur aktiven Dämpfung elastischer Schwingungen sowie zum überschwingfreien Positionieren der Armspitze ein Hauptthema des Forschungsprojektes. Dazu gehörten auch die Konzeption und Auswahl der für die Regelung notwendigen Hardware-Komponenten wie Antriebe, Meßeinrichtungen und Prozeßrechner, als auch die Erstellung der Software. Die Beschreibung des aus diesen Überlegungen heraus entstandenen Forschungsprojektes findet sich im folgenden Abschnitt 1.4. In der vorliegenden Arbeit werden alle wesentlichen Schritte erläutert und beschrieben, die zu einem einsatzfähigen Regelungskonzept führen, das ein kontrolliertes Positionieren ermöglicht und eine aktive Dämpfung der elastischen Freiheitsgrade bewirkt.

Nach dieser Einleitung folgt in Kapitel 2 die Erstellung eines mathematischen Modells des Systems, aus dem die Bewegungsgleichungen abgeleitet werden. Die elastischen Bewegungen werden diskretisiert, so daß gewöhnliche Differentialgleichungen entstehen. Es wird ein Minimalmodell vorgestellt, daß das System nur so genau beschreibt, wie es für den Reglerentwurf notwendig ist.

Kapitel 3 beschreibt alle Überlegungen, die mit den Regelungszielen, dem Reglerkonzept, den dynamischen Anforderungen an den Roboter und der Reglerauslegung zusammenhängen. Nach der ausführlichen Entwurfsbeschreibung endet Kapitel 3 mit einer kurzen Beschreibung der digitalen Realisierung der Regelung im Prozeßrechner.

In Kapitel 4 folgt eine Diskussion der Versuchsergebnisse. Hierbei zeigen die Versuchsergebnisse die gute Funktionsweise des Reglers nicht nur für die Starrkörperbewegungen, sondern insbesondere auch für die aktive Dämpfung der elastischen Bewegungen.

Nach einer Zusammenfassung und dem Literaturverzeichnis finden sich im Anhang die Rechnungen zur Ableitung der Bewegungsgleichungen, die technische Beschreibung des

Laborroboters *TELMAN* sowie eine kurze Übersicht der benutzten Programme zur Reglerentwurfsunterstützung und eine Kurzbeschreibung des in dieser Arbeit verwendeten Reglerentwurfsverfahrens.

1.4 Das Projekt *TELMAN*

Im Projekt *TELMAN* wurde ein Labormodell eines teleskopartigen Roboterarmsegmentes für Weltraumanwendungen entwickelt. Ein weiterentwickeltes Segment gleicher Bauart soll in einem späteren Projekt innerhalb eines Versuchsroboters in einem Weltraumeinsatz getestet werden. Im Rahmen des *TELMAN* Projektes wurden daher die technologischen Problemkreise eines solchen Robotersegmentes erarbeitet. Das Labormodell besitzt zwei

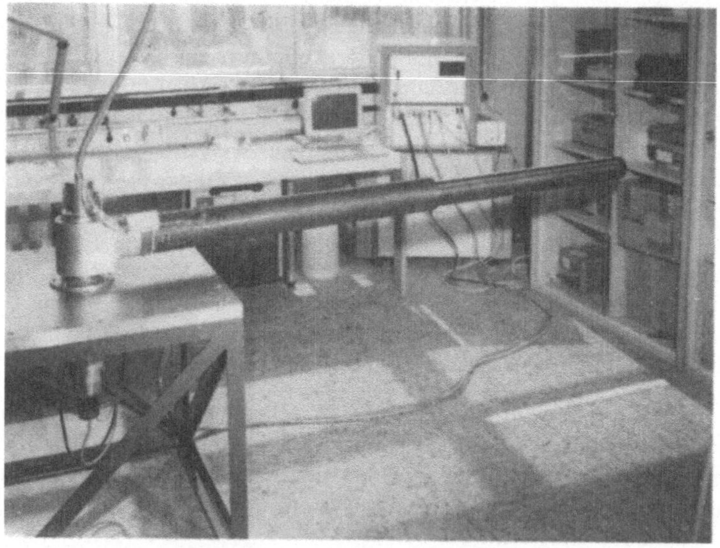

Bild 1.1: Laborroboter *TELMAN*

Freiheitsgrade zur Positionierung der Nutzlast an der Armspitze. Außer dem translatorischen Freiheitsgrad ist eine Rotation in der horizontalen Ebene möglich. Hierdurch sollen speziell die elastischen Bewegungen angeregt und unabhängig von Schwerkrafteinflüssen untersucht werden. Im Laufe der Arbeit ergaben sich die folgenden drei wesentlichen Problemfelder:

- Entwicklung und Bau der Arm- und Gelenkstrukturen

- Kompensation von Reibung in den Gelenken
- Entwicklung und Realisierung der regelungstechnischen Einrichtungen zur aktiven Schwingungsdämpfung und zum überschwingfreien Positionieren der Armspitze.

Die Grundzüge der Konstruktion entstanden in der Diskussion der Projektgruppe, die aus Mitarbeitern von MBB-ERNO, des Instituts für Automatisierungstechnik der Universität Bremen, des Instituts für Leichtbau der Rheinisch-Westfälischen-Technischen Hochschule Aachen, des Instituts für Roboterforschung der Universität Dortmund sowie der Firma Technologiezentrum Nord (TZN) aus Unterlüß zusammengesetzt war. Es entstand der in Bild 1.1 abgebildete Versuchsstand. Eine genauere Beschreibung des Laborroboters einschließlich der technischen Daten findet sich im Anhang D. Während die Entwicklung und Auslegung der Armstrukturen an der RWTH Aachen von ÖRY, RITTWEGER, ZURHORST [58] durchgeführt wurde, konnten die beiden Problemkreise, die aus dem Bereich der Regelungstechnik stammen, vom Institut für Automatisierungstechnik in Bremen gelöst werden. Das Problem der Reibungskompensation wurde von BRUCE-BOYE [9] im Rahmen seiner Dissertation untersucht und gelöst. Es erfolgt im Rahmen dieser Arbeit nur eine kurze Beschreibung dieses Problemkreises. Über die Lösung des oben als letztes Thema der Problemliste genannte Gebiet der aktiven Schwingungsdämpfung und des Positionierens berichtet diese Arbeit.

Kapitel 2

Modellbildung

Die Benutzung von sehr leichten, wenig steifen Materialien bei der Armkonstruktion von *TELMAN* macht die Berücksichtigung der elastischen Eigenbewegungen der beiden Teleskoprohre beim Reglerentwurf unumgänglich. Somit ist es erforderlich, eine Beschreibung für den Reglerentwurf zu entwickeln, die sowohl die „großen" Starrkörperbewegungen als auch die „kleinen" elastischen Bewegungen berücksichtigt.

Auf der Basis der LAGRANGE-Gleichung zweiter Art läßt sich eine Beschreibung ableiten, die für den Reglerentwurf sehr geeignet ist. Aus der allgemeinen Beschreibung der Bewegung eines Mehrkörpersystems (MKS)

$$\mathbf{M}(\mathbf{y}, t)\ddot{\mathbf{y}} + \mathbf{g}(\mathbf{y}, \dot{\mathbf{y}}, t) = \mathbf{h} \tag{2.1}$$

läßt sich durch Linearisierung und Umformung ein sogenanntes **MDGKN**-System ableiten.

$$\mathbf{M}\ddot{\mathbf{y}} + (\mathbf{D} + \mathbf{G})\dot{\mathbf{y}} + (\mathbf{K} + \mathbf{N})\mathbf{y} = \mathbf{f} \tag{2.2}$$

Die Vektoren **h** bzw. **f** enthalten die äußeren Kräfte und Momente während der Vektor **y** aus den generalisierten Koordinaten (siehe auch Abschnitt 2.6) besteht. Die Bedeutung der einzelnen Matrizen:

- **M** : Massenmatrix
- **D** : Dämpfungsmatrix
- **G** : gyroskopische Matrix
- **K** : Steifigkeitsmatrix
- **N** : Matrix der nichtkonservativen Kräfte

Da die Matrix **G** nur bei schnellen Kreiselbewegungen relevant ist, und die Matrix **N** durch eine geschickte Wahl der verallgemeinerten Koordinaten entfällt [61], läßt sich die obige

Matrixdifferentialgleichung zweiter Ordnung in die Zustandsdifferentialgleichung erster Ordnung transformieren. Diese läßt sich anschließend als Basis für den Reglerentwurf verwenden.

$$\underbrace{\frac{d}{dt}\begin{pmatrix} \mathbf{y} \\ \dot{\mathbf{y}} \end{pmatrix}}_{\dot{\mathbf{x}}} = \underbrace{\begin{pmatrix} \mathbf{0} & \mathbf{I} \\ -\mathbf{M}^{-1}\mathbf{K} & -\mathbf{M}^{-1}\mathbf{D} \end{pmatrix}}_{\mathbf{A}} \underbrace{\begin{pmatrix} \mathbf{y} \\ \dot{\mathbf{y}} \end{pmatrix}}_{\mathbf{x}} + \underbrace{\begin{pmatrix} \mathbf{0} \\ \mathbf{M}^{-1} \end{pmatrix}}_{\mathbf{B}} \underbrace{\mathbf{f}}_{\mathbf{u}} \qquad (2.3)$$

Um aber auf diese Form zu kommen, müssen die einzelnen Matrizen $\mathbf{M}, \mathbf{D}$ und $\mathbf{K}$ bestimmt werden. Außerdem müssen die äußeren Kräfte und Momente $\mathbf{f}$ festgelegt werden.

Das wesentliche Problem bei der Bildung der Zustandsform ist die Berechnung der inversen Massenmatrix. Da zeitinvariante Massenmatrizen immer positiv definit sind [7], stellt die Berechnung der Inversen in der Regel nur ein numerisches Problem dar. In der vorliegenden Arbeit entsteht jedoch bei der Ableitung der Bewegungsgleichungen ein zeitvariantes Modell, so daß die Massenmatrix symbolisch invertiert werden müßte. Dies ist mit den heutigen symbolischen Rechenprogrammen, wie z. B. MAPLE oder REDUCE, nur für sehr kleine Ordnungen möglich. Daher muß bei der numerischen Berechnung von Gleichung 2.3 für jeden Zeitschritt eine numerische Inversion der Massenmatrix erfolgen, was einen erheblich erhöhten Rechenaufwand nach sich zieht. Bei der zeitinvarianten Matrix ist die (numerische) Inversion nur einmal notwendig.

Die Bestimmung der Matrizen soll über die Bilanzierung der im System enthaltenen kinetischen (T) und potentiellen (V) Energien erfolgen. Diese Energien werden anschließend in die LAGRANGE-Gleichung zweiter Art

$$\frac{d}{dt}\left(\frac{\partial T}{\partial \dot{\mathbf{y}}}\right) - \frac{\partial T}{\partial \mathbf{y}} + \frac{\partial V}{\partial \mathbf{y}} = \mathbf{Q} \qquad (2.4)$$

eingesetzt und die notwendigen Ableitungen durchgeführt. Auf der rechten Seite von Gleichung 2.4 stehen die äußeren Kräfte und Momente. Die Auswertung der LAGRANGE-Gleichung liefert direkt die Matrizen $\mathbf{M}, \mathbf{D}$ und $\mathbf{K}$.

Die folgenden Abschnitte beschreiben die notwendigen Schritte, um die Matrizen $\mathbf{M}, \mathbf{D}$ und $\mathbf{K}$ zu bestimmen. Zuerst erfolgt die Festlegung der Koordinatensysteme und die Definition der beteiligten Körper (Abschnitt 2.1). Auf dieser Basis kann anschließend die Geschwindigkeit bestimmt werden, woraus dann die kinetische Energie berechenbar ist (Abschnitt 2.2). Danach erfolgt die Berechnung der potentiellen Energien (Abschnitt 2.3) und der äußeren Kräfte (Abschnitt 2.4). Um von partiellen auf gewöhnliche Differentialgleichungen zu kommen, erfolgt eine Diskretisierung der Biegungsfunktionen (Abschnitt 2.5). Abschließend erfolgt noch die Festlegung der generalisierten Koordinaten, also der Freiheitsgrade des Systems (Abschnitt 2.6), bevor im Abschnitt 2.7 die LAGRANGE-Auswertung erfolgen kann. In Abschnitt 2.8 und 2.9 werden einige Bemerkungen zur Modellbildung der benutzten Antriebe und Meßgeräte sowie zum Thema Reibung gemacht. Letztendlich werden in Abschnitt 2.10 einige Simulationen vorgestellt, die das zeitliche Verhalten des ungeregelten Modells zeigen.

2.1 Koordinatensysteme

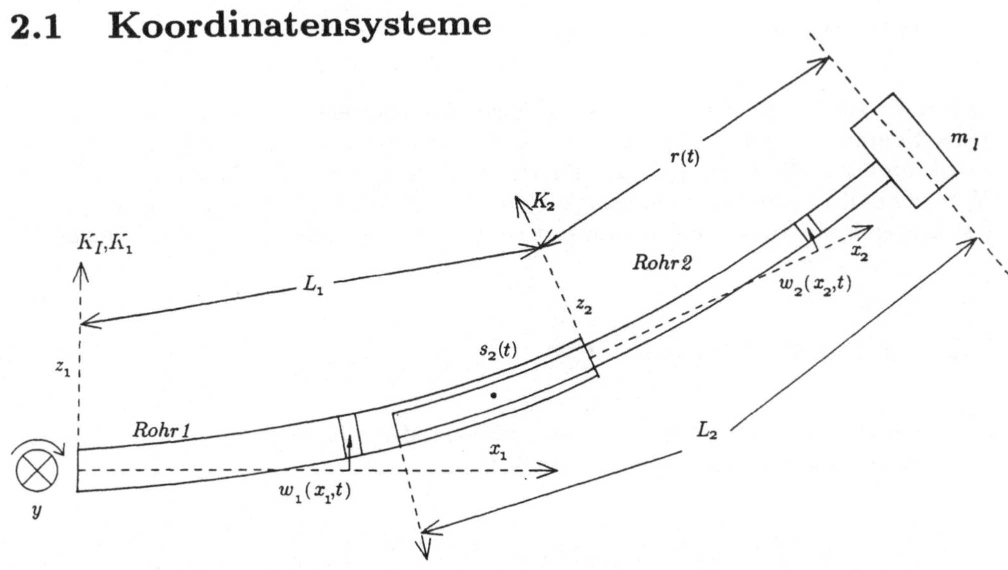

Bild 2.1: Die Kinematik des Teleskoparms

Die Erstellung eines mathematischen Ersatzmodells erfordert zunächst die Bildung eines mechanischen Ersatzmodells, von dem dann die mathematische Beschreibung abgeleitet werden kann. Hierzu erfolgt anfangs die Festlegung der beteiligten Körper und der benutzten Koordinatensysteme. Nach Bild 2.1 sollen vier Körper wie folgt modelliert werden :

1.) Das elastische Rohr 1 mit der festen Länge L_1.

2.) Das im Inneren des Rohres 1 befindliche Teilstück des Rohres 2 mit der variablen Länge $L_2 - r(t)$. Dieses Teilstück wird als starr betrachtet, um den Rechenaufwand beim Reglerentwurf und bei den Simulationen zu begrenzen. Es zeigte sich bei den späteren Modelluntersuchungen, daß das Modell trotz dieser Vernachlässigung hinreichend genau ist.

3.) Das elastische Rohr 2 mit der veränderlichen Länge $r(t)$.

4.) Die starre, punktförmige und symmetrisch zu den Rohrachsen angebrachte Nutzlast m_l.

Die verwendeten Koordinatensysteme lassen sich auch Bild 2.1 entnehmen. Das System *TELMAN* soll als hybrides MKS [75] aufgefaßt werden. Nach Bild 2.1 gibt es somit zwei körpereigene Koordinatensysteme:

1. K_1 für Rohr 1

2. K_2 für Rohr 2

Außerdem gibt es für jedes infinitesimal kleine Rohrelement ein sogenanntes elementeigenes Koordinatensystem K_E. Die Starrkörper werden in den körpereigenen Systemen jeweils an der Stelle $x_1 = s_2(t)$ bzw. für die Nutzlast $x_2 = r(t)$ beschrieben. Das System K_1 wird mit der Starrkörperbewegung $\phi(t)$ um die y-Achse des Inertialsystems K_I gedreht. Das körpereigene System K_2 hat seinen Ursprung an der Stelle $x_1 = L_1$ des Systems K_1.

2.2 Kinetische Energie

Die kinetische Energie läßt sich in einem hybriden MKS wie folgt berechnen, wenn man ein inertiales Koordinatensystem zu Grunde legt:

$$T = \frac{1}{2}\sum_{i=1}^{d}\int_{0}^{L_i}\left(\rho_i A_i \mathbf{v}_i^{\mathsf{T}}\mathbf{v}_i + \rho_i \boldsymbol{\omega}_i^{\mathsf{T}}\mathbf{I}_i\boldsymbol{\omega}_i\right)dx + \frac{1}{2}\sum_{i=d+1}^{n}\left(m_i\mathbf{v}_i^{\mathsf{T}}\mathbf{v}_i + \boldsymbol{\omega}_i^{\mathsf{T}}\mathbf{J}_i\boldsymbol{\omega}_i\right) \tag{2.5}$$

Der Buchstabe d bezeichnet hierbei die Anzahl der elastischen Körper aus der Summe von n Körpern.

Man benötigt zur Auswertung der obigen Gleichung neben den körpereigenen Parametern $(\rho, A, m, \mathbf{I}, \mathbf{J})$ also die absoluten Geschwindigkeiten $\mathbf{v}$ und die Winkelgeschwindigkeiten $\boldsymbol{\omega}$ im Inertialsystem.

Die elastischen Verformungen werden mit den verteilten Funktionen $w_1(x_1,t)$ für Rohr 1 und $w_2(x_2,t)$ für Rohr 2 in der jeweiligen horizontalen x-z Ebene beschrieben (siehe Bild 2.1). Auf die Modellierung aller weiteren elastischen Bewegungsmöglichkeiten kann verzichtet werden. Bei der Konstruktion der Armrohre des Roboters wurde eine extrem hohe Steifigkeit in axialer Richtung spezifiziert, so daß eine axiale Elastizität sich nicht bemerkbar machen kann. Zudem ist bei den spezifizierten Rotationsgeschwindigkeiten ein relevanter Einfluß der Zentrifugalkraft, die eine weitere Versteifung der Arme bewirken kann, nicht zu erwarten. Nach Untersuchungen von KARL [39] trifft diese Aussage zu für Rotationsgeschwindigkeiten von $\dot{\phi} \leq 5$ rad/s. Da der Roboter keine vertikale Schwenkbewegung ausführt, kann auch auf die Modellierung einer Biegung in der x-y Ebene verzichtet werden. Abhängig von der Materialsteifigkeit und der Nutzlast ist jedoch eine geringe vertikale, konstante Biegung in negativer y-Richtung zu erwarten, die aus der Schwerkraft resultiert.

Ebenfalls durch konstruktive Maßnahmen wurde eine mögliche Torsionsschwingung der Rohre ausgeschlossen. Neben einer Sperre im Gelenkmechanismus zwischen Rohr 1 und Rohr 2, die verhindert, daß sich die Rohre gegenseitig verdrehen können, wurde bei der Auslegung auf eine sehr hohe Torsionssteifigkeit geachtet.

Die Bestimmung der Geschwindigkeiten der Körper eins bis vier erfolgt unter der Maßgabe, daß die elastischen Bewegungen sehr klein sind. (Berechnung siehe Anhang A.2)

$$\mathbf{v}_1 = \begin{pmatrix} \dot\phi\, w_1(x_1,t) \\ 0 \\ \dot w_1(x_1,t) - \dot\phi\, x_1 \end{pmatrix}$$

$$\boldsymbol{\omega}_1 = \begin{pmatrix} 0 \\ \dot\phi + \dot w_1'(x_1,t) \\ 0 \end{pmatrix}$$

$$\mathbf{v}_2 = \begin{pmatrix} \dot r(t) + \dot\phi\, w_1(s_2,t) \\ 0 \\ \dot w_1(s_2,t) - \dot\phi\, s_2 \end{pmatrix} \text{ mit } s_2 = L_1 - \frac{L_2}{2} + \frac{r(t)}{2}$$

$$\boldsymbol{\omega}_2 = \begin{pmatrix} 0 \\ \dot\phi + \dot w_1'(s_2,t) \\ 0 \end{pmatrix}$$

$$\mathbf{v}_3 = \begin{pmatrix} \dot r(t) + \dot w_1'(L_1,t) w_2(x_2,t) + \dot\phi\, w_1(L_1,t) \\ 0 \\ \dot w_2(x_2,t) - \dot w_1'(L_1,t) x_2 \end{pmatrix} + \begin{pmatrix} -w_1'(L_1,t)\dot w_1(L_1,t) + \dot\phi\, w_1(L_1,t) \\ 0 \\ -\dot\phi\, x_2 + \dot w_1(L_1,t) - \dot\phi\, L_1 \end{pmatrix}$$

$$\boldsymbol{\omega}_3 = \begin{pmatrix} 0 \\ \dot\phi + \dot w_1'(L_1,t) + \dot w_2'(x_2,t) \\ 0 \end{pmatrix}$$

$$\mathbf{v}_4 = \begin{pmatrix} \dot r(t) + \dot w_1'(L_1,t) w_2(r(t),t) + \dot\phi\, w_1(L_1,t) \\ 0 \\ \dot w_2(r(t),t) - \dot w_1'(L_1,t) x_2 \end{pmatrix} + \begin{pmatrix} -w_1'(L_1,t)\dot w_1(L_1,t) + \dot\phi\, w_1(L_1,t) \\ 0 \\ -\dot\phi\, r(t) + \dot w_1(L_1,t) - \dot\phi\, L_1 \end{pmatrix}$$

$$\boldsymbol{\omega}_4 = \begin{pmatrix} 0 \\ \dot\phi + \dot w_1'(L_1,t) + \dot w_2'(r(t),t) \\ 0 \end{pmatrix}$$

Bei der Herleitung der Geschwindigkeiten und der Berechnung der kinetischen Energie wurden zwei Vernachlässigungen vorgenommen:

1. Da für die Biegung nur sehr kleine Werte angenommen werden, kann die Energieberechung auf die Produkte mit einer Ordnung kleiner gleich zwei beschränkt werden.

2. Die Translationsbewegung kann als Starrkörperbewegung aufgefaßt werden, da bei *TELMAN* sehr langsame Ausfahrgeschwindigkeiten spezifiziert wurden. Die mögli-

che Kopplung zwischen translatorischer Bewegung und elastischer Anregung, wie bei WANG, WEI [80], kann deshalb vernachlässigt werden.

Die sich ergebenden Terme werden anschließend zur Berechnung der kinetischen Energie verwendet und die Ableitungen nach LAGRANGE durchgeführt. (siehe Anhang A.4.2)

2.3 Potentielle Energie

Als potentielle Energie wird nur die Biegungsenergie in der x-z-Ebene berücksichtigt. Sie läßt sich auf der Basis der Biegungsgesetze (z. B. [25]) für alle Körper mit elastischen Anteilen wie folgt berechnen:

$$V = \frac{1}{2} \sum_{i=1}^{d} \int_{0}^{L_i} EI_y(x) w''^2(x,t)\, dx \tag{2.6}$$

Alle weiteren potentiellen Energien werden vernachlässigt, weil sie nicht in der betrachteten x-z-Ebene wirken. Das betrifft insbesondere die Gravitationskraft. Die durch die Zentrifugalkraft entstehende Energie, die eigentlich eine Versteifung des biegbaren Rohres bewirken kann, ist auf Grund der für *TELMAN* spezifizierten kleinen Rotationsgeschwindigkeit vernachlässigbar. Die Ableitung nach LAGRANGE für die potentielle Energie findet sich in Anhang A.4.5.

2.4 Äußere Kräfte

Die rechte Seite der LAGRANGE-Gleichung wird durch den Vektor der äußeren Kräfte gebildet. Hierunter fallen die Stellkräfte und -momente und die Reibungseinflüsse.

Die Stellkäfte und -momente werden durch die im Regelkreis enthaltenen Antriebe aufgebracht. Eine Beschreibung der Stellglieder findet sich im Anhang D.2.

Die Reibungskräfte und -momente machen sich bei den Bewegungen in den Gelenken sowohl bei der Translation als auch bei der Rotation bemerkbar. Zur Erläuterung des Einflußes von Reibung im Projekt *TELMAN* , sowie deren Kompensation siehe Abschnitt 2.9. Damit ergeben sich die folgenden äußeren Kräfte:

- Drehmoment vom rotatorischen Stellglied M_R
- Reibmoment im rotatorischen Gelenk R_1
- Kraft vom translatorischen Stellglied F_R
- Reibkraft im translatorischen Gelenk R_2

2.5 Diskretisierung der Biegungsfunktionen

Für die Diskretisierung des Modells eines elastischen Systems existieren zwei wesentliche, verschiedene Verfahren. Das eine Verfahren nimmt schon beim Modellansatz eine Diskretisierung vor, in dem das schwingende Bauteil in einzelne diskrete Teile zerlegt werden muß. Daher stammt auch der Name für diese Methode: Finite Elemente Methode. Für eine ausreichende Genauigkeit des Modells muß daher ein Körper in möglichst viele kleine Einzelkörper zerlegt werden, deren Dynamik dann separat berechnet werden kann. Die Bewegungsgleichungen bestehen dann aus einer sehr großen Anzahl einzelner gekoppelter Differentialgleichungen. Diese Tatsache stellt einen großen Nachteil für den späteren Reglerentwurf dar.

Deshalb wurde in dieser Arbeit ein kontinuierlicher Näherungsansatz zur Modellierung benutzt, der in eine sehr niedrige, aber trotzdem ausreichende Anzahl von Differentialgleichungen mündet. Aus den beiden möglichen Ansätzen, dem GALERKIN- und dem RITZ-Verfahren, wurde letzterer ausgewählt, da er in seiner Beschreibung der Randbedingungen einfacher zu handhaben ist.

Die verteilten Biegungsfunktionen werden also durch einen RITZ-Ansatz diskretisiert. Hierbei erfolgt eine Trennung der örtlichen und zeitlichen Abhängigkeiten in der folgenden Form:

$$w(x,t) = \sum_{i=1}^{\infty} \bar{\bar{w}}_i(x)\, \bar{w}_i(t) = \bar{\bar{\mathbf{w}}}^{\mathsf{T}}(x)\, \bar{\mathbf{w}}(t) \tag{2.7}$$

Der Vektor $\bar{\bar{\mathbf{w}}}(x)$ enthält dabei die Einzelfunktionen :

$$\bar{\bar{\mathbf{w}}}(x) = \begin{pmatrix} \bar{\bar{w}}_1(x) \\ \bar{\bar{w}}_2(x) \\ \bar{\bar{w}}_3(x) \\ \vdots \end{pmatrix} \tag{2.8}$$

Die Ansatzfunktionen $\bar{\bar{\mathbf{w}}}(x)$ müssen hierbei ein vollständiges, orthogonales Funktionensystem bilden. Außerdem müssen die geometrischen Randbedingungen von diesen Funktionen erfüllt werden [61].

Für $\bar{\bar{\mathbf{w}}}_1(x_1)$ (Rohr 1) und $\bar{\bar{\mathbf{w}}}_2(x_2)$ (Rohr 2) kommen dieselben Ansatzfunktionen zum Einsatz. Die Ansatzfunktionen repräsentieren die Eigenfunktionen eines elastischen Balkens mit den geometrischen Randbedingungen „eingespannt-frei". Die Ansatzfunktionen sind jeweils auf die elastische Länge L_1 bzw. $r(t)$ normiert, um verschieden lange Balken mit dem gleichen Funktionensatz beschreiben zu können. Diese Wahl ist speziell für den ausfahrbaren Arm notwendig, um die zeitlich veränderliche Länge des schwingfähigen Teils von Rohr 2 in den Ansatzfunktionen zu berücksichtigen. Eine solche Funktion sieht für Rohr 2 beispielsweise wie folgt aus:

$$\bar{\bar{w}}_{2i}(x) = \cosh\left(\frac{\varepsilon_i x}{r}\right) - \cos\left(\frac{\varepsilon_i x}{r}\right) - \alpha_i \left[\sinh\left(\frac{\varepsilon_i x}{r}\right) - \sin\left(\frac{\varepsilon_i x}{r}\right)\right] \tag{2.9}$$

	ε_i	α_i
Mode 1	1.8751041	0.7340955
Mode 2	4.6940911	1.01846644
Mode 3	7.8547574	0.99922450
Mode 4	10.9955407	1.00003355
Mode 5	14.1371684	0.99999855
$n > 5$	$(2n-1)\frac{\pi}{2}$	1.0

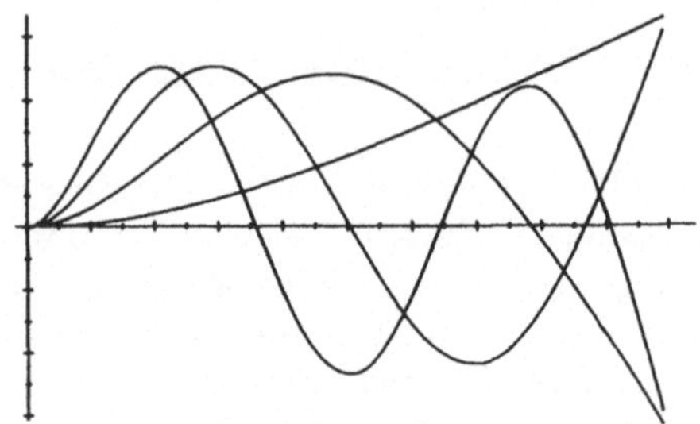

Bild 2.2: Parameter und graphische Darstellung der Ansatzfunktionen

Die Parameter für die Ansatzformen eines Balkens „eingespannt-frei" finden sich in Bild 2.2.

Für die numerische Auswertung wird nur eine beschränkte Anzahl von Ansatzfunktionen verwendet, um den Berechnungsaufwand bei der späteren Simulation und dem Reglerentwurf zu begrenzen. Hierbei muß ein Kompromiß zwischen Aufwand und notwendiger Genauigkeit gefunden werden. Untersuchungen [75] zu diesem Thema zeigen, daß zwei bis vier Ansatzfunktionen ausreichend sind. KLEEMANN [40] benutzt für seine praktischen Versuche zwei Ansatzfunktionen pro elastischem Freiheitsgrad und erzielt damit gute Ergebnisse. In [81] werden auch gute praktische Resultate mit nur der ersten Ansatzfunktion gezeigt. Für die vorliegende Arbeit wurden daher jeweils zwei Ansatzfunktionen pro Rohr angesetzt, wobei damit die Option der späteren Reduktion offen gehalten wurde.

2.6 Generalisierte Koordinaten

Als generalisierte Koordinaten bezeichnet man die zur Beschreibung eines mechanischen Systems unbedingt notwendigen Koordinaten. Im vorliegenden System sind dies die Starrkörperbewegungen und die zeitabhängigen Teile der elastischen Freiheitsgrade. Hierbei ist n die Anzahl der verwendeten Ansatzfunktionen.

$$\begin{aligned} y_1 &= r(t) \\ y_2 &= \phi(t) \\ y_{2+i} &= \overline{w}_{1i}(t) \qquad \text{mit } i = 1,\cdots,n \\ y_{2+n+j} &= \overline{w}_{2j}(t) \qquad \text{mit } j = 1,\cdots,n \end{aligned} \tag{2.10}$$

Daraus ergeben sich $2n+2$ unabhängige Koordinaten, woraus in der Zustandsdarstellung ein System der Ordnung $4n+4$ entsteht. Da in der vorliegenden Arbeit jeweils 2 Ansatzfunktionen pro elastischem Rohr verwendet werden (siehe oben), entsteht ein System 12. Ordnung in der Zustandsraumdarstellung.

2.7 LAGRANGE-Auswertung

Die Auswertung der Energiebilanz nach der LAGRANGE-Gleichung (siehe Anhang A.4.2 und A.4.5) liefert eine sehr unübersichtliche Fülle an Einzeltermen, die in dieser Form sowohl für einen sinnvollen Reglerentwurf als auch für eine Simulation nicht geeignet sind. Es wurden deshalb alle die Terme vernachlässigt, deren zahlenmässiger Einfluß nicht sehr groß war. Es entstand ein Minimalmodell, das alle relevanten Anteile enthält. Eine Abschätzung des Einflusses einzelner Terme liegt dieser Auswahl zu Grunde. Außerdem erfolgt an dieser Stelle eine „quasi“ Linearisierung durch die Streichung der nichtlinearen Terme. Dies erscheint gerechtfertigt, da sich das System *TELMAN* nur mit recht kleinen Geschwindigkeiten sowohl rotatorisch als auch translatorisch bewegen kann. Daneben wurden, wie in der Einleitung schon betont, die Themen Reibung und Nichtlinearitäten durch eine separate Regelung behandelt und daher ebenfalls nicht weiter berücksichtigt.

Als erstes wird man zur Kontrolle die Starrkörperanteile separieren. Anhand der bekannten Starrkörpergleichungen und durch Prüfung der entstehenden physikalischen Einheiten läßt sich eine Plausibilitätskontrolle der Ergebnisse der LAGRANGE-Auswertung durchführen. Für die Translation ergibt sich die DGL.:

$$F_R = (m_2 + m_l)\,\ddot{r}(t) \tag{2.11}$$

Für die Rotation ergibt sich die folgende Bewegungsgleichung:

$$\begin{aligned} M_R \;=\; & \Bigg(\frac{1}{3} m_1 L_1^2 + \rho_1 I_{y_1} L_1 - \frac{1}{12}\rho_2 A_2 r^3 + \rho_2 A_2 L_2 \Big(L_1^2 - \frac{1}{4} L_2^2 + \frac{3}{4} r^2 \\ & - L_1 L_2 + 2 L_1 r - \frac{3}{4} L_2 r \Big) + \rho_2 I_{y_2} L_2 + m_l (L_1 + r)^2 + J_{y_2} \Bigg)\, \ddot{\phi} \end{aligned} \tag{2.12}$$

Der nächste Schritt zur Aufstellung der Massenmatrix ist die Auswahl der relevanten elastischen Anteile. Die Einträge findet man, indem man in Anhang A.4.2 alle Terme mit zweiten Ableitungen in den Zuständen heraussucht und gemäß der Struktur des Vektors der generalisierten Koordinaten (siehe Abschnitt 2.6) anordnet. Das Ergebnis findet sich in Bild 2.3. In die Massenmatrix werden auch die Starrkörperanteile eingefügt. Alle anderen, im Anhang aufgeführten Terme werden für die Reglerentwürfe vernachlässigt, bzw. als Störung aufgefaßt.

Die Struktur der Massenmatrix gibt einen guten Überblick über die Systemverhältnisse:

$$\left(\begin{array}{c|c|c|c} M_r & \multicolumn{3}{c}{\mathbf{o}^{\mathsf{T}}} \\ \hline & M_\phi & \multicolumn{2}{c}{\mathbf{M}_{kopp_\phi}^{\mathsf{T}}} \\ \cline{2-4} \mathbf{o} & \mathbf{M}_{kopp_\phi} & \mathbf{M}_{w_1} & \mathbf{M}_{kopp_w} \\ \cline{3-4} & & \mathbf{M}_{kopp_w}^{\mathsf{T}} & \mathbf{M}_{w_2} \end{array}\right) \tag{2.13}$$

$$
\left(\begin{array}{c|l|l|l}
m_2+m_l & 0 & \mathbf{o}^{\mathsf{T}} & \mathbf{o}^{\mathsf{T}} \\
\hline
0 &
\begin{array}{l}
\frac{1}{3}m_1L_1^2 + m_1\,\overline{\mathbf{w}}_1^{\mathsf{T}}(t)\,\mathbf{M}_1\,\overline{\mathbf{w}}_1(t) + \rho_1 I_{y_1}L_1 \\
+\rho_2A_2(L_2-r)\,\overline{\mathbf{w}}_1^{\mathsf{T}}(t)\,\overline{\overline{\mathbf{w}}}_1(s_2)\,\overline{\overline{\mathbf{w}}}_1^{\mathsf{T}}(s_2)\,\overline{\mathbf{w}}_1(t) \\
+\rho_2A_2(L_2-r)s_2^2(t) + \rho_2 I_{y_2}(L_2-r) \\
+\rho_2A_2r(t)\,\overline{\mathbf{w}}_1^{\mathsf{T}}(t)\,\overline{\overline{\mathbf{w}}}_1(L_1)\,\overline{\overline{\mathbf{w}}}_1^{\mathsf{T}}(L_1)\,\overline{\mathbf{w}}_1(t) \\
+2\rho_2A_2r(t)\,\overline{\mathbf{w}}_1^{\mathsf{T}}(t)\,\overline{\overline{\mathbf{w}}}_1(L_1)\,\mathbf{m}_2^{\mathsf{T}}\,\overline{\mathbf{w}}_2(t) \\
+\rho_2A_2r\,\overline{\mathbf{w}}_2^{\mathsf{T}}(t)\,\mathbf{M}_2\,\overline{\mathbf{w}}_2(t) \\
+\rho_2A_2r(L_1^2+L_1r+\frac{1}{3}r^2) + \rho_2 I_{y_2}r \\
+m_l\,\overline{\mathbf{w}}_1^{\mathsf{T}}(t)\,\overline{\overline{\mathbf{w}}}_1(L_1)\,\overline{\overline{\mathbf{w}}}_1^{\mathsf{T}}(L_1)\,\overline{\mathbf{w}}_1(t) \\
+2m_l\,\overline{\mathbf{w}}_1^{\mathsf{T}}(t)\,\overline{\overline{\mathbf{w}}}_1(L_1)\,\overline{\overline{\mathbf{w}}}_2^{\mathsf{T}}(r)\,\overline{\mathbf{w}}_2(t) \\
+m_l\,\overline{\mathbf{w}}_2^{\mathsf{T}}(t)\,\overline{\overline{\mathbf{w}}}_2(r)\,\overline{\overline{\mathbf{w}}}_2^{\mathsf{T}}(r)\,\overline{\mathbf{w}}_2(t) \\
+m_l(L_1+r)^2 + J_{y_2}
\end{array} &
\begin{array}{l}
-m_1L_1\,\mathbf{xm}_1^{\mathsf{T}} + \rho_1 I_{y_1}\,\mathbf{ms}_1^{\mathsf{T}} \\
-\rho_2A_2(L_2-r)s_2\,\overline{\overline{\mathbf{w}}}_1^{\mathsf{T}}(s_2) \\
+\rho_2 I_{y_2}(L_2-r)\,\overline{\overline{\mathbf{w}}}_1'^{\mathsf{T}}(s_2) \\
-\rho_2A_2(L_1r+\frac{1}{2}r^2)\,\overline{\overline{\mathbf{w}}}_1^{\mathsf{T}}(L_1) \\
+\rho_2A_2r(\frac{1}{2}L_1r+\frac{1}{3}r^2)\,\overline{\overline{\mathbf{w}}}_1'^{\mathsf{T}}(L_1) \\
+\rho_2 I_{y_2}r\,\overline{\overline{\mathbf{w}}}_1'^{\mathsf{T}}(L_1) \\
-m_l(L_1+r)\,\overline{\overline{\mathbf{w}}}_1^{\mathsf{T}}(L_1) \\
+m_lr(L_1+r)\,\overline{\overline{\mathbf{w}}}_1'^{\mathsf{T}}(L_1) + J_{y_2}\,\overline{\overline{\mathbf{w}}}_1'^{\mathsf{T}}(L_1)
\end{array} &
\begin{array}{l}
-\rho_2A_2r(t)L_1\,\mathbf{m}_2^{\mathsf{T}} \\
-\rho_2A_2r^2(t)\,\mathbf{xm}_2^{\mathsf{T}} \\
+\rho_2 I_{y_2}\,\mathbf{ms}_2^{\mathsf{T}} \\
-m_l\,\overline{\overline{\mathbf{w}}}_2^{\mathsf{T}}(r)(L_1+r) \\
+J_{y_2}\,\overline{\overline{\mathbf{w}}}_2'^{\mathsf{T}}(r)
\end{array} \\
\hline
\mathbf{o} &
\begin{array}{l}
-m_1L_1\,\mathbf{xm}_1 + \rho_1 I_{y_1}\,\mathbf{ms}_1 \\
-\rho_2A_2(L_2-r)s_2\,\overline{\overline{\mathbf{w}}}_1(s_2) \\
+\rho_2 I_{y_2}(L_2-r)s_2\,\overline{\overline{\mathbf{w}}}_1'(s_2) \\
-\rho_2A_2(L_1r+\frac{1}{2}r^2)\,\overline{\overline{\mathbf{w}}}_1(L_1) \\
+\rho_2A_2r(\frac{1}{2}L_1r+\frac{1}{3}r^2)\,\overline{\overline{\mathbf{w}}}_1'(L_1) \\
+\rho_2 I_{y_2}r\,\overline{\overline{\mathbf{w}}}_1'(L_1) \\
-m_l(L_1+r)\,\overline{\overline{\mathbf{w}}}_1(L_1) \\
+m_lr(L_1+r)\,\overline{\overline{\mathbf{w}}}_1'(L_1) + J_{y_2}\,\overline{\overline{\mathbf{w}}}_1'(L_1)
\end{array} &
\begin{array}{l}
m_1\,\mathbf{M}_1 + \rho_1 I_{y_1}\frac{1}{L_1}\,\mathbf{MS}_1 \\
+\rho_2A_2(L_2-r)\,\overline{\overline{\mathbf{w}}}_1(s_2)\,\overline{\overline{\mathbf{w}}}_1^{\mathsf{T}}(s_2) \\
+\rho_2 I_{y_2}(L_2-r)\,\overline{\overline{\mathbf{w}}}_1'(s_2)\,\overline{\overline{\mathbf{w}}}_1'^{\mathsf{T}}(s_2) \\
+\rho_2A_2r\,\overline{\overline{\mathbf{w}}}_1(L_1)\,\overline{\overline{\mathbf{w}}}_1^{\mathsf{T}}(L_1) \\
-\rho_2A_2r^2\,\overline{\overline{\mathbf{w}}}_1'(L_1)\,\overline{\overline{\mathbf{w}}}_1^{\mathsf{T}}(L_1) \\
+\rho_2A_2\,\frac{1}{3}r^3\,\overline{\overline{\mathbf{w}}}_1'(L_1)\,\overline{\overline{\mathbf{w}}}_1'^{\mathsf{T}}(L_1) \\
+\rho_2 I_{y_2}r\,\overline{\overline{\mathbf{w}}}_1'(L_1)\,\overline{\overline{\mathbf{w}}}_1'^{\mathsf{T}}(L_1) \\
+m_l\,\overline{\overline{\mathbf{w}}}_1(L_1)\,\overline{\overline{\mathbf{w}}}_1^{\mathsf{T}}(L_1) + m_lr^2\,\overline{\overline{\mathbf{w}}}_1'(L_1)\,\overline{\overline{\mathbf{w}}}_1'^{\mathsf{T}}(L_1) \\
-2m_lr\,\overline{\overline{\mathbf{w}}}_1'(L_1)\,\overline{\overline{\mathbf{w}}}_1^{\mathsf{T}}(L_1) + J_{y_2}\,\overline{\overline{\mathbf{w}}}_1'(L_1)\,\overline{\overline{\mathbf{w}}}_1'^{\mathsf{T}}(L_1)
\end{array} &
\begin{array}{l}
\rho_2A_2r(t)\,\overline{\overline{\mathbf{w}}}_1(L_1)\,\mathbf{m}_2^{\mathsf{T}} \\
-\rho_2A_2r^2\,\overline{\overline{\mathbf{w}}}_1'(L_1)\,\mathbf{xm}_2^{\mathsf{T}} \\
+\rho_2 I_{y_2}\,\overline{\overline{\mathbf{w}}}_1'(L_1)\,\mathbf{ms}_2^{\mathsf{T}} \\
+m_l\,\overline{\overline{\mathbf{w}}}_1(L_1)\,\overline{\overline{\mathbf{w}}}_2^{\mathsf{T}}(r) \\
-m_lr\,\overline{\overline{\mathbf{w}}}_1'(L_1)\,\overline{\overline{\mathbf{w}}}_2^{\mathsf{T}}(r) \\
+J_{y_2}\,\overline{\overline{\mathbf{w}}}_1'(L_1)\,\overline{\overline{\mathbf{w}}}_2'^{\mathsf{T}}(r)
\end{array} \\
\hline
\mathbf{o} &
\begin{array}{l}
-\rho_2A_2rL_1\,\mathbf{m}_2 \\
-\rho_2A_2r^2\,\mathbf{xm}_2 + \rho_2 I_{y_2}\,\mathbf{ms}_2 \\
-m_l(L_1+r)\,\overline{\overline{\mathbf{w}}}_2(r) + J_{y_2}\,\overline{\overline{\mathbf{w}}}_2'(r)
\end{array} &
\begin{array}{l}
\rho_2A_2r\,\mathbf{m}_2\,\overline{\overline{\mathbf{w}}}_1^{\mathsf{T}}(L_1) \\
-\rho_2A_2r^2\,\mathbf{xm}_2\,\overline{\overline{\mathbf{w}}}_1'^{\mathsf{T}}(L_1) \\
+\rho_2 I_{y_2}\,\mathbf{ms}_2\,\overline{\overline{\mathbf{w}}}_1'^{\mathsf{T}}(L_1) \\
+m_l\,\overline{\overline{\mathbf{w}}}_2(r)\,\overline{\overline{\mathbf{w}}}_1^{\mathsf{T}}(L_1) - m_lr\,\overline{\overline{\mathbf{w}}}_2(r)\,\overline{\overline{\mathbf{w}}}_1'^{\mathsf{T}}(L_1) \\
+J_{y_2}\,\overline{\overline{\mathbf{w}}}_2'(r)\,\overline{\overline{\mathbf{w}}}_1'^{\mathsf{T}}(L_1)
\end{array} &
\begin{array}{l}
\rho_2A_2r\,\mathbf{M}_2 \\
+\rho_2 I_{y_2}\frac{1}{r}\,\mathbf{MS}_2 \\
+m_l\,\overline{\overline{\mathbf{w}}}_2(r)\,\overline{\overline{\mathbf{w}}}_2^{\mathsf{T}}(r) \\
+J_{y_2}\,\overline{\overline{\mathbf{w}}}_2'(r)\,\overline{\overline{\mathbf{w}}}_2'^{\mathsf{T}}(r)
\end{array}
\end{array}\right)
$$

Bild 2.3: Massenmatrix $\mathbf{M}$

Die Starrkörperbewegung $r(t)$ bleibt entkoppelt von den anderen Bewegungen. Die Rotation und die elastischen Bewegungen sind durch die Kopplungsterme $\mathbf{M}_{kopp}$ jeweils untereinander verkoppelt, d. h.

1. Die Starrkörperrotation ist mit den elastischen Bewegungen verkoppelt.

2. Die elastischen Freiheitsgrade sind gegenseitig verkoppelt.

Die Einträge der Steifigkeitsmatrix **K** entnimmt man Anhang A.4.5. Für sie erhält man die Struktur:

$$\left(\begin{array}{c|c|cc} 0 & \multicolumn{3}{c}{\mathbf{o}^{\mathsf{T}}} \\ \hline & 0 & \multicolumn{2}{c}{\mathbf{o}^{\mathsf{T}}} \\ \cline{2-4} & & \frac{EI_{y1}}{L_1^3}\,\mathbf{MSS}_1 & \mathbf{0} \\ \mathbf{o} & \mathbf{o} & & \\ \cline{3-4} & & \mathbf{0} & \frac{EI_{y2}}{r^3(t)}\,\mathbf{MSS}_2 \end{array}\right) \tag{2.14}$$

Wenn man die beiden Teilmatrizen $\mathbf{MSS}_1$ und $\mathbf{MSS}_2$ (Anhang A.3.3) berechnet, erkennt man, daß die Steifigkeitsmatrix **K** symmetrisch ist.

Beide Matrizen haben den gravierenden Nachteil, daß sie von den momentanen Zuständen abhängen, also zeitvariant sind. Damit ist das System nicht direkt auf Zustandsform transformierbar.

Die Dämpfungsmatrix **D** läßt sich unter Verwendung des Prinzips der virtuellen Arbeit wie folgt berechnen [75]:

$$\mathbf{D} = \kappa\mathbf{K} \tag{2.15}$$

Für κ lassen sich werkstoffabhängige Zahlen angeben [29].

Der Vektor der äußeren Kräfte besteht aus den Kräften und Momenten der Stellglieder :

$$\mathbf{f} = \begin{pmatrix} F_R \\ M_R \\ \mathbf{o} \end{pmatrix} \tag{2.16}$$

Somit ist ein **MDK**-System entstanden, das die Starrkörper- und die elastischen Bewegungen beschreibt. Die Bewegungsgleichungen besitzen jedoch zeitveränderliche Parameter, so daß eine geschlossene, für den Reglerentwurf vorteilhafte Zustandsform nicht direkt erreichbar ist. Es erweist sich jedoch für den späteren Reglerentwurf als Vorteil, daß die Zustandsform für bestimmte Zeitpunkte berechenbar ist. Die Parametrierung des Modells erfolgt im Abschnitt 3.5.2, wo auch auf der Basis des Regelungskonzeptes die einzelnen Betriebszustände festgelegt werden.

2.8 Antriebe und der Meßeinrichtungen

Die Beschreibung der Antriebe und Meßgeräte wird Anhang D.2 und D.3 angegeben. Die wesentliche Schlußfolgerung für die weitere Betrachtungsweise läßt sich aus den dortigen Daten ablesen. Alle Antriebe und Meßgeräte können als lineare Proportionalglieder im Regelkreis betrachtet werden. Die möglichen Nichtlinearitäten der Antriebe werden in dieser Arbeit nicht berücksichtigt, da sie durch die später erläuterte Störgrößenkompensation vernachlässigbar klein werden.

2.9 Reibung

Das Thema Reibung soll nur ganz kurz erwähnt werden, da es, wie schon angedeutet, in [9] ausgiebig untersucht wird. In beiden Gelenken des Laborroboters wurde eine vorhandene Reibung festgestellt. Sie erwies sich insbesondere im translatorischen Gelenk als sehr einflußreich. Ausgiebige praktische Untersuchungen im Rahmen des Projektes *TELMAN* zeigten, daß die Reibkennlinie neben der Geschwindigkeit ganz wesentlich von der Nutzlast und der Ausfahrlänge abhängt. Außerdem konnten auch Slip-Stick Effekte beobachtet werden.

Im rotatorischen Gelenk zeigte sich die bekannte Kennlinie für COULOMB'sche Reibung. Der Einfluß der Reibung in diesem Gelenk war jedoch ungleich kleiner.

Beide Reibungseinflüße werden in einem Teilaspekt des Gesamtreglers (siehe Bild 3.1) durch eine Störgrößenaufschaltung kompensiert. Hierzu wurde in [9] ein Störgrößenbeobachter entworfen, der die Reibgrößen schätzt, und mit geeigneter Verstärkung am Motoreneingang aufschaltet. Der Beobachter erreicht als Nebeneffekt auch die Kompensation von nichtlinearen Einflüssen, die durch die Kopplung von Rotations- und Translationsbewegung entstehen. Die Nichtlinearitäten werden wie die Reibung als Störung aufgefaßt und in ihrer Summe zurückgeführt, und damit kompensiert.

Der erfolgreiche Test des Störgrößenbeobachters veranlaßte dazu, im mathematischen Ersatzmodell auf die Nichtlinearitäten zu verzichten, so daß Rotation und Translation getrennt untersucht werden konnten. Außerdem konnte die Berücksichtigung der Reibung beim Reglerentwurf für die aktive Dämpfung entfallen, was besonders beim Einsatz von Integralreglern zu Grenzzyklen hätte führen können.

2.10 Simulation des Modells

Um die Güte des erstellten Modells und das Verhalten des ungeregelten Roboters einschätzen zu können, wurden mehrere Simulationsrechnungen mit dem ungeregelten Modell durchgeführt. Hierzu wurde als Anregung eine Sprungfunktion für beide Starrkörperkreise gewählt. Die translatorische Anregung wurde so gewählt, daß innerhalb von einer Sekunde ein vollständiger Ein- bzw. Ausfahrvorgang durchfahren wurde. Die Wahl der Zeitgrenze wurde dabei so gewählt, daß eine graphische Darstellung der elastischen Bewegungen eine gut aufgelöste Darstellung der Eigenfrequenzen des Systems ermöglicht. Zusätzlich erwies sich die Wahl einer sehr kleinen Materialdämpfungskonstante κ als notwendig, um eine gute Darstellung der elastischen Bewegungen zu ermöglichen. Die Anregung in der Rotationsbewegung wurde so gewählt, daß etwa 180° durchfahren wurden. Das Modell wurde mit den im Anhang D.5 gegebenen technischen Parametern des Roboters versehen. Die Simulationen wurden mit verschiedenen Nutzlasten durchgeführt.

Das Rechnerprogramm für diese und die späteren Simulationen des geregelten Modells wurde eigens für dieses Problem geschrieben. Die zeitvariante Massenmatrix erlaubt keine einmalige Inversion zur Erstellung einer Zustandsdarstellung, die von den meisten Standardsimulationsprogrammen gefordert wird. Eine mögliche symbolische Inversion scheiterte an dem zu großen Speicherplatzbedarf derartiger Programme bei den vorliegenden Systemdimensionen. Somit muß für jeden Zeitschritt der Integration eine numerische Inversion der Massenmatrix durchgeführt werden, wofür es zwar aus der Sicht der Numerik gutartige Routinen (z. B. LINPACK, NAG-Bibliothek) gibt, die aber zeitlich gesehen sehr lange dauern und viel Rechnerpower verlangen. Zudem handelt es sich bei dem vorliegen-

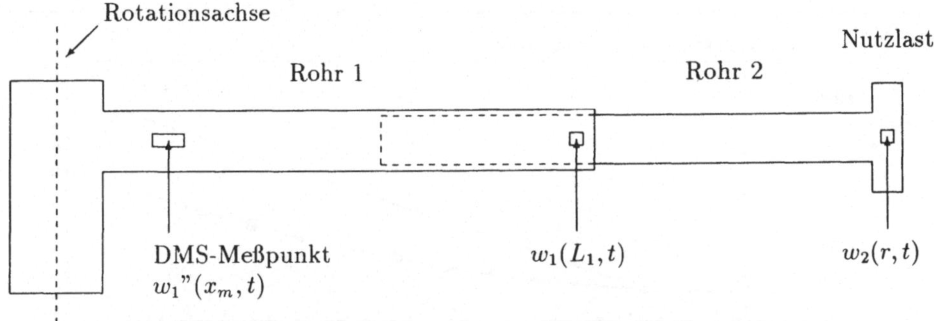

Bild 2.4: Meßorte in der Simulation

den System um ein sogenanntes „steifes" Problem, da die Eigenfrequenzen des Systems stark unterschiedliche Beträge besitzen. Da zur Integration von steifen Systemen sehr oft das Verfahren von GEAR (z. B. in [55]) empfohlen wird, wurde eine Integrationsroutine nach diesem Verfahren im Simulationsprogramm verwendet. Für nähere Informationen zu diesem Verfahren sei auf Anhang C.2.1 verwiesen. Neben der Simulation ermöglicht das in FORTRAN geschriebene Programm auch eine graphische Ausgabe der Ergebnisse auf Bildschirm und Plotter. Für die numerischen und graphischen Routinen wurde auf die Subroutine-Bibliothek RASP'89 [36] zurückgegriffen. Eine genauere Beschreibung des Simulationsprogrammes findet sich im Anhang C.2.

Die Simulationsergebnisse finden sich auf den nachfolgenden Seiten. Jede Simulation besteht aus zwei Bildern, das erste enthält die Starrkörperbewegungen und das zweite die elastischen Bewegungen. Zur Erklärung der Punkte, an denen die elastischen Bewegungen gemessen wurden, soll das Bild 2.4 dienen. Es zeigt die drei Meßorte, von denen das

Meßsignal aufgezeichnet wurde. In der Realität wäre jedoch nur das Dehnungsmeßsignal direkt meßbar. Die Auslenkungen an den beiden Rohrenden müßen auf Grund der Wahl der Koordinatensysteme addiert werden, um zu der Gesamtauslenkung durch die Elastizität der Arme, verglichen mit dem starren Arm, zu kommen.

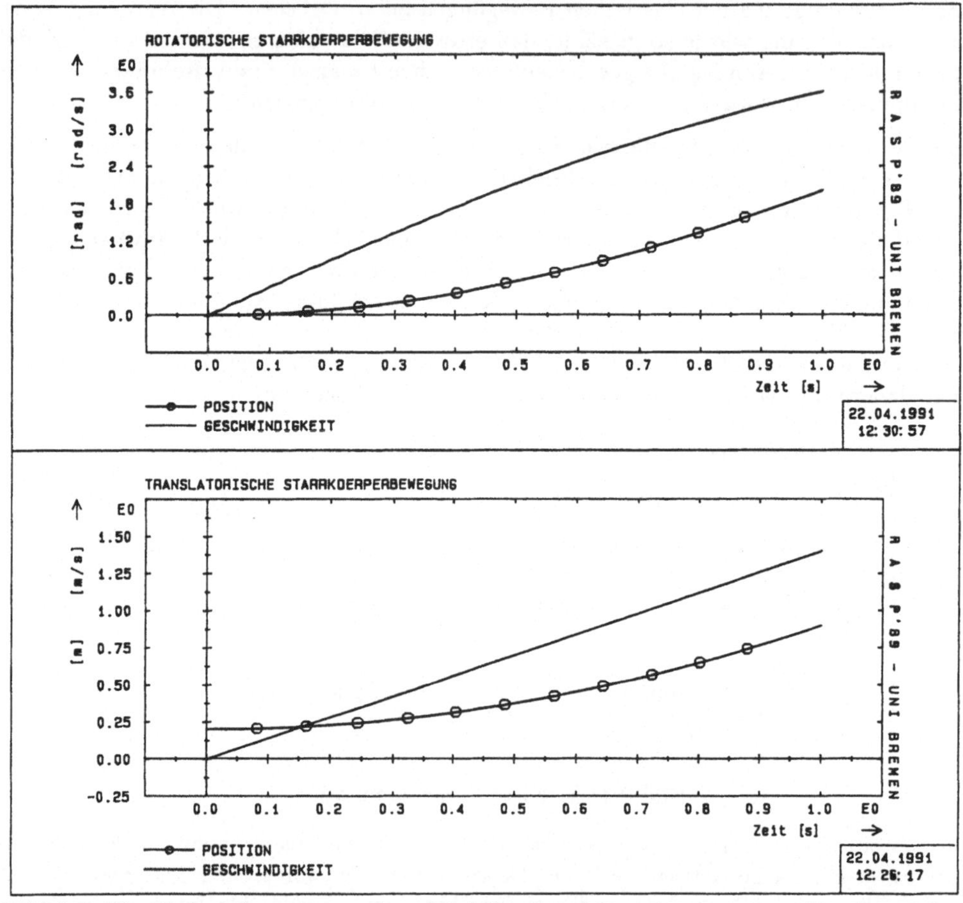

Bild 2.5: Simulation des ungeregelten Modells, Starrkörperbewegungen, Nutzlast 1 kg, Ausfahrbewegung

Die ersten beiden Simulationen (Bilder 2.5 bis 2.8) zeigen einen Ausfahrvorgang bei gleichzeitiger Rotation um etwa 180°. Die Zeitverläufe für die Rotation und die Translation zeigen die Bilder 2.5 und 2.7. Die Translation zeigt sich als reine Starrkörperbewegung mit Doppelintegratorverhalten. In der Rotationsbewegung machen sich die elastischen Bewegungen im Geschwindigkeitssignal bemerkbar, wenn auch schwach. Das Doppelintegratorverhalten wird etwas abgeschwächt, wofür die Vergrößerung der Trägheit durch die gleichzeitig stattfindende Ausfahrbewegung verantwortlich ist. Trotzdem läßt sich das Doppelintegratorverhalten eindeutig identifizieren. Durch eine Erhöhung der Nutzlast auf

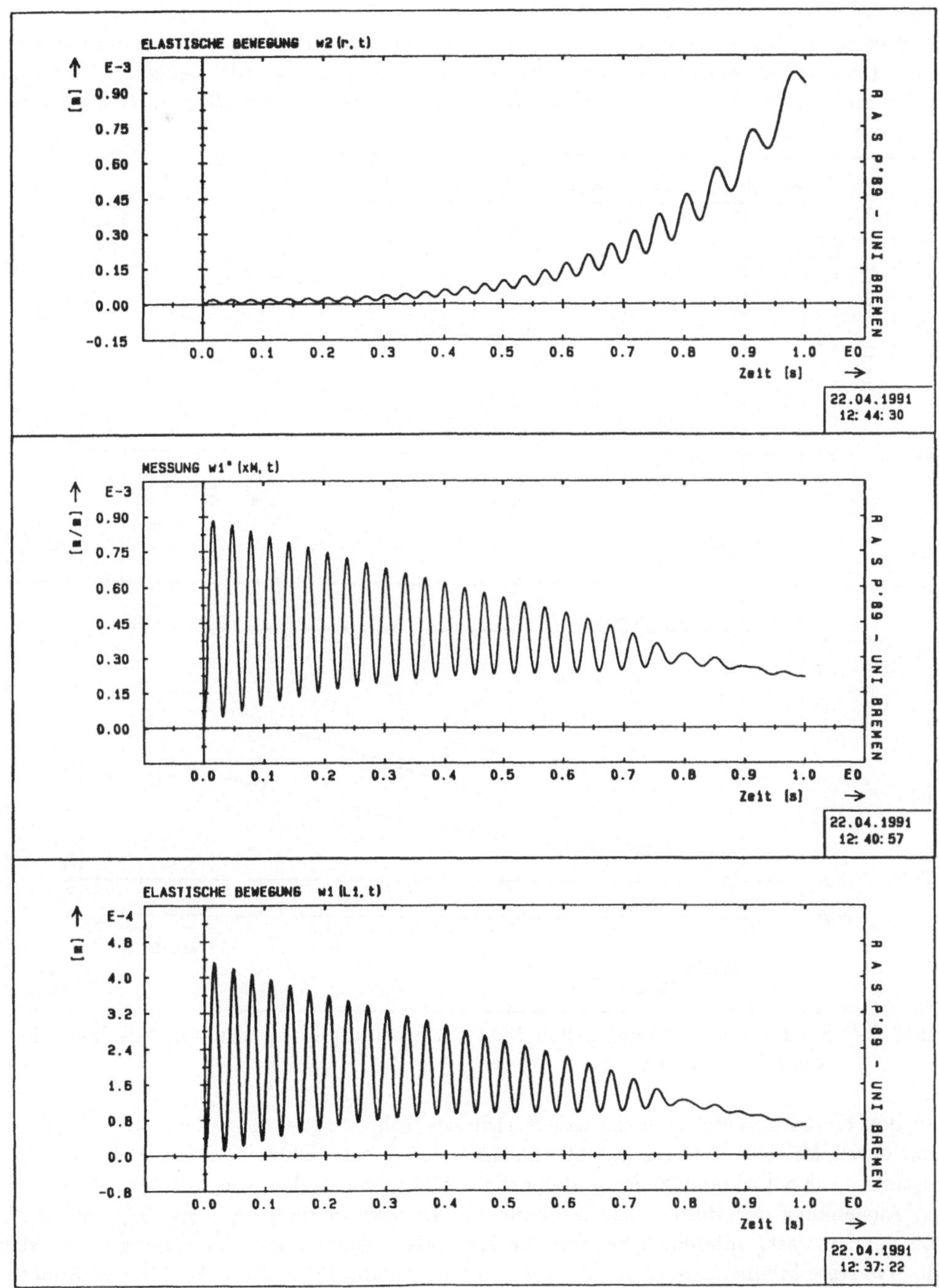

Bild 2.6: Simulation des ungeregelten Modells, elastische Bewegungen, Nutzlast 1 kg, Ausfahrbewegung

2 kg zeigt sich keine grundsätzliche Veränderung im Verhalten der Starrkörperbewegungen. Lediglich ergeben sich andere Endwerte nach einer Sekunde Laufzeit (Bild 2.7). Außerdem machen sich die elastischen Bewegungen geringfügig stärker im Geschwindigkeitssignal bemerkbar.

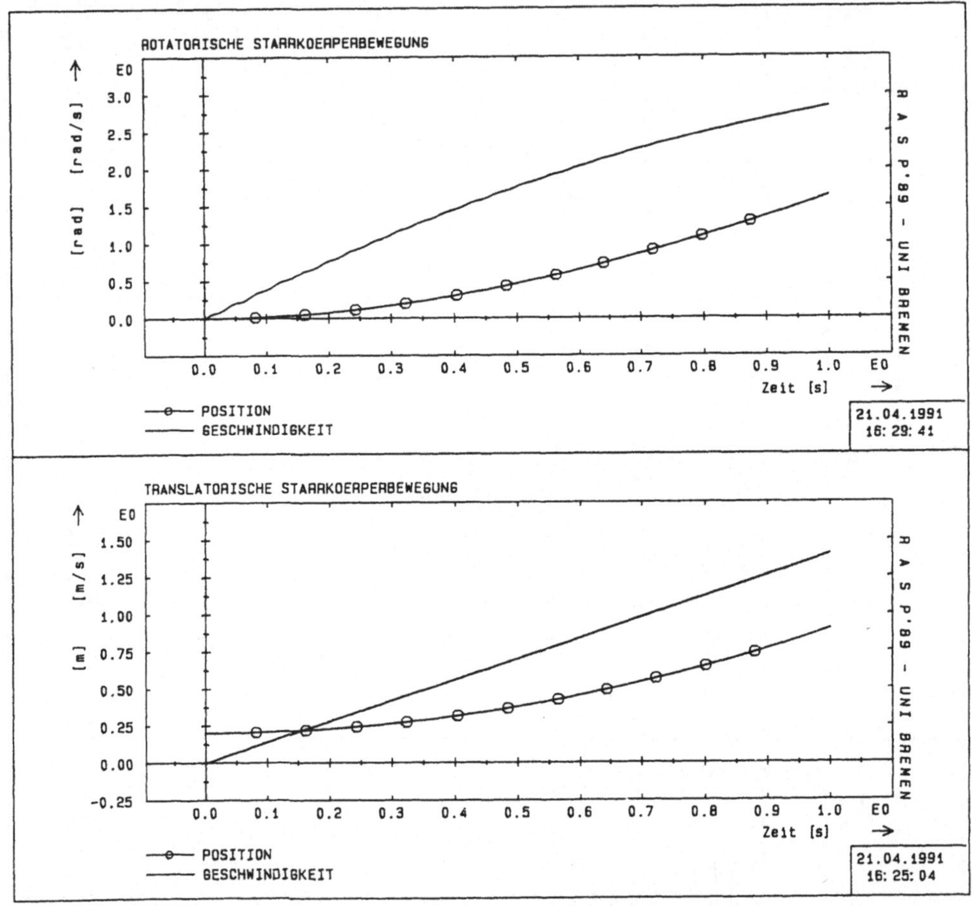

Bild 2.7: Simulation des ungeregelten Modells, Starrkörperbewegungen, Nutzlast 2 kg, Ausfahrbewegung

In den elastischen Bewegungen zeigen sich am Rohr 1 schwach gedämpfte Schwingungen, deren Mittelwert langsam mit abnehmender Rotationsbeschleunigung der Nullinie zustrebt. Die Schwingungsamplitude liegt im Millimeterbereich, was auf Grund der steifen Auslenkung der Rohre nicht verwundert. Die Schwingungsfrequenz liegt, abhängig von der Nutzlast, anfänglich bei etwa 30 Hz. Mit zunehmender Ausfahrlänge zeigt sich die erwartete Frequenzabnahme, die Frequenz liegt dann bei etwa 15 Hz für den Roboter mit 1 kg Nutzlast, derweil beim Roboter mit 2 kg Nutzlast die Frequenz von 25 Hz auf 12 Hz fällt.

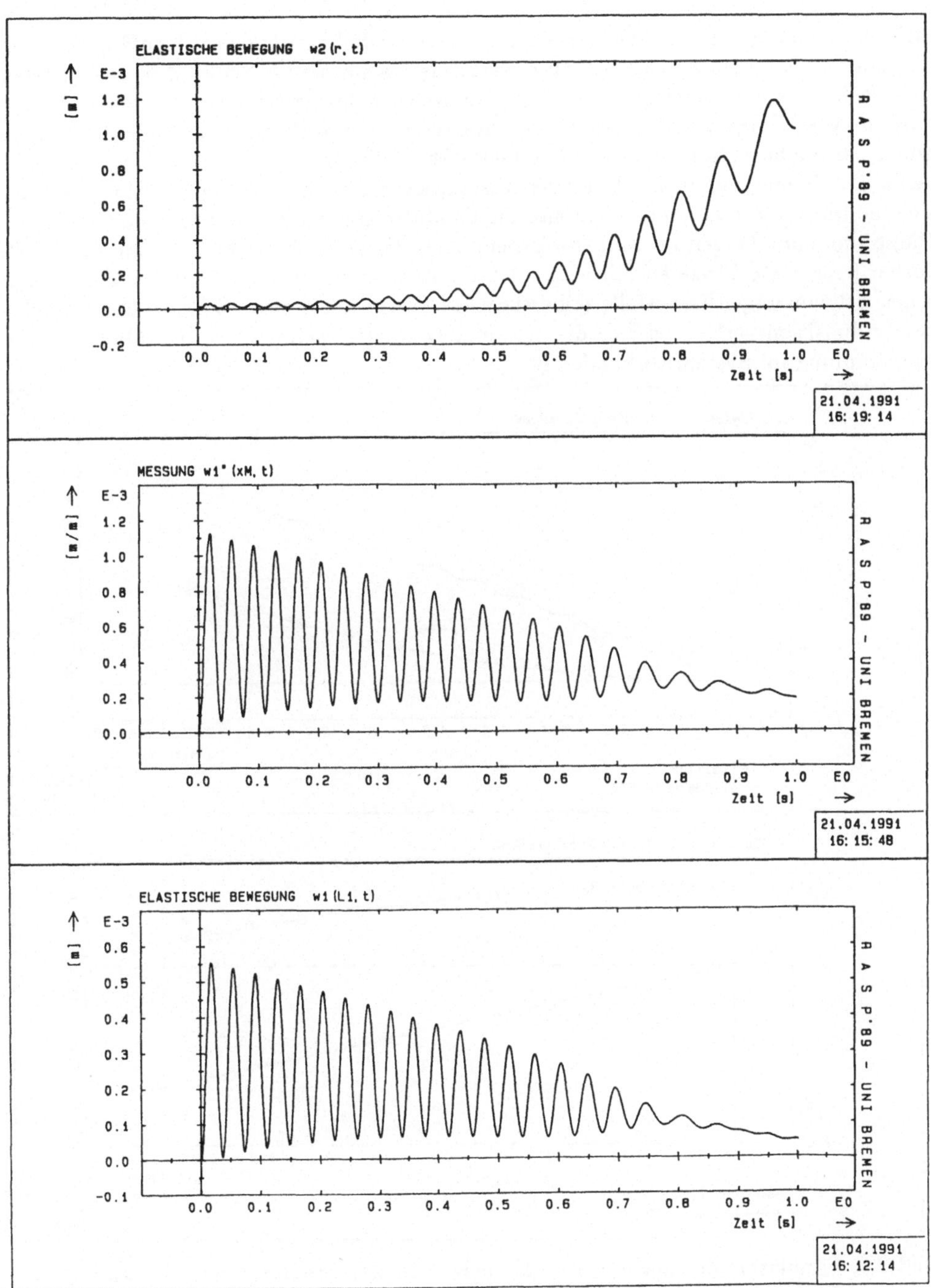

Bild 2.8: Simulation des ungeregelten Modells, elastische Bewegungen, Nutzlast 2 kg, Ausfahrbewegung

Die Auslenkung der Nutzlast, jeweils im oberen Teilbild zu finden, ist anfänglich kaum vorhanden, was auch anschaulich zu erwarten ist, wenn man bedenkt, daß das eingefahrene Rohr nur eine ganz geringe Länge zur freien Schwingung hat. Mit zunehmender Ausfahrlänge steigt der Mittelwert der Auslenkung und auch die Amplitude der Schwingung, sie bleibt jedoch in ihrem Maximum ebenfalls im Millimeterbereich. Die anregende Beschleunigung ist am Ende der Ausfahrbewegung nur noch sehr gering. Hier zeigt sich die im System vorhandene latente Instabilitätseigenschaft, die jedoch nur bei kleiner Dämpfung zum Tragen kommt. Außerdem kann das Rohr 2 nur bis auf eine bestimmte vorher festgelegte Länge ausfahren, so daß die Auslenkung und die Amplitude der elastischen Schwingungen keinesfalls unbeschränkte Werte annehmen können. Bei Erreichen der Endposition verkleinert sich die Schwingung wieder, weil ein gewisses Maß an Materialdämpfung im System vorhanden ist.

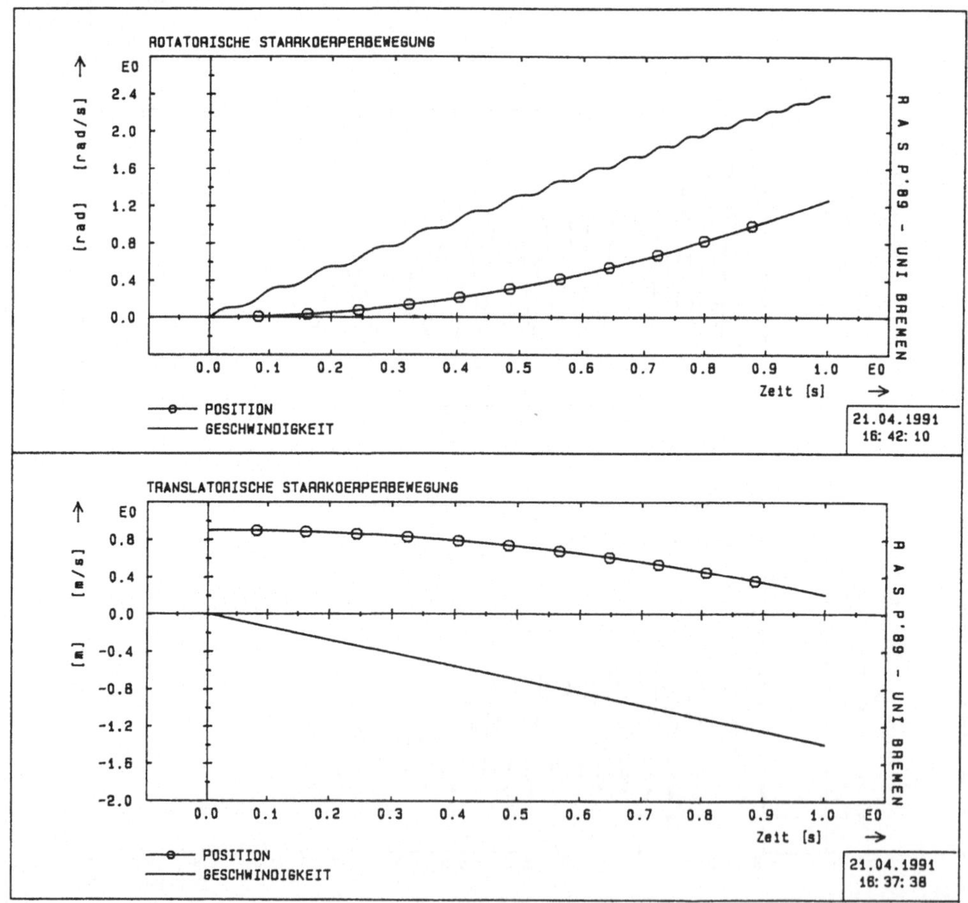

Bild 2.9: Simulation des ungeregelten Modells, Starrkörperbewegungen, Nutzlast 2 kg, Einfahrbewegung

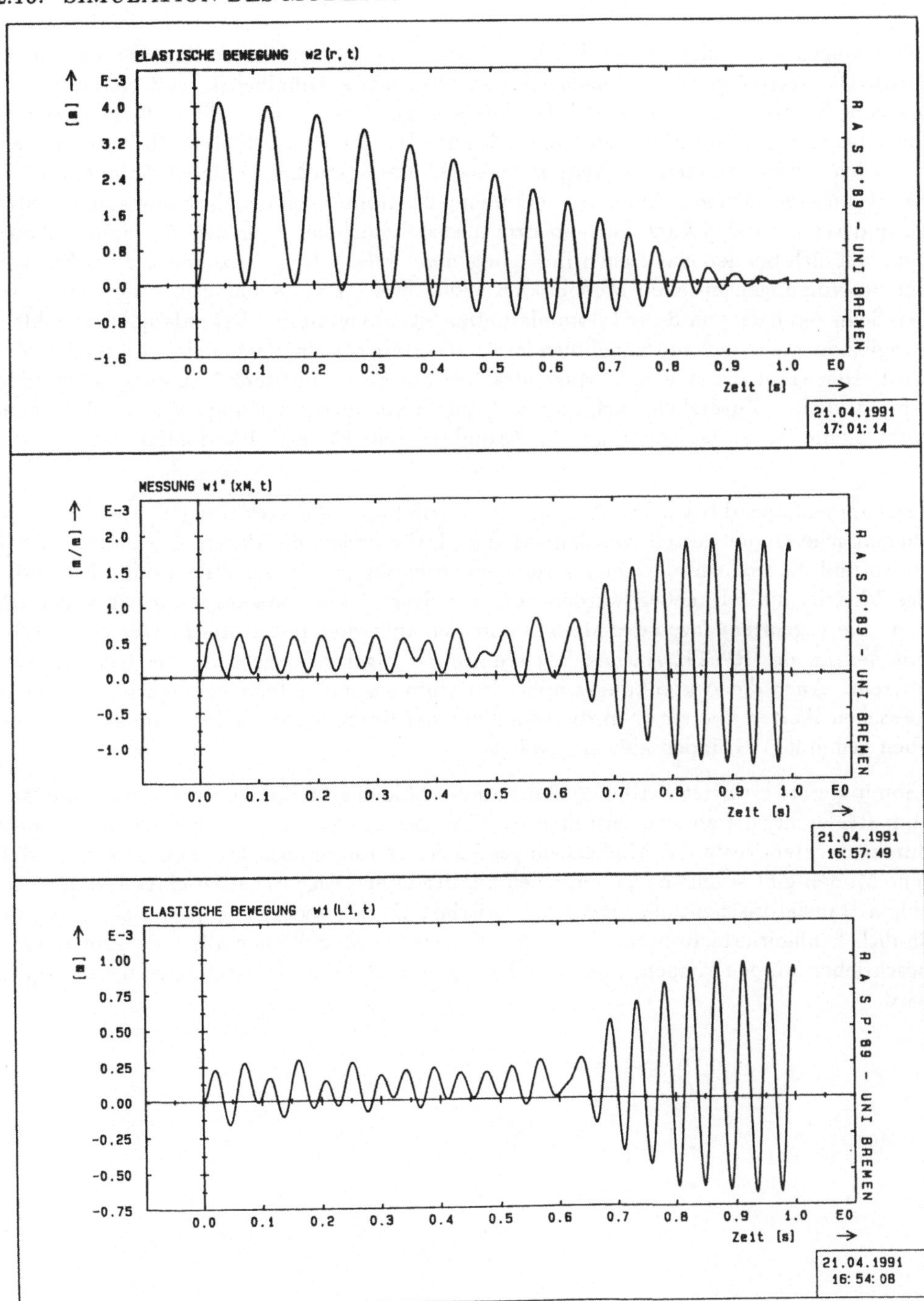

Bild 2.10: Simulation des ungeregelten Modells, elastische Bewegungen, Nutzlast 2 kg, Einfahrbewegung

Den Gegensatz bildet die Einfahrbewegung in der letzten Simulation (Bilder 2.9 und 2.10). Die Starrkörperbewegungen zeigen als besondere Auffälligkeit jetzt eine wesentlich stärkere Kopplung zu den elastischen Bewegungen, wie man in Bild 2.9 im Geschwindigkeitssignal der Rotationsbewegung erkennt. Das jetzt ausgefahrene Rohr besitzt eine erheblich größere Anfangsträgheit, woraus auch die wesentlich größeren Anfangsamplituden resultieren. Mit zunehmender Verkürzung des Rohres nehmen die Schwingungen stark ab und verschwinden kurz vor dem Erreichen des ganz eingefahrenen Zustandes. Außerdem läßt sich bei den elastischen Bewegungen der Effekt der jetzt zunehmenden Frequenz der Schwingungen an allen Meßpunkten beobachten. Das Dehnungsmeßsignal wird von den Schwingungen von Rohr 1 dominiert. Das Signal von Rohr 1 hat anfänglich eine kleine Amplitude, die jedoch mit zunehmender Annäherung der Nutzlast an das Rohrende größer wird. Hier trägt die steigende Massenträgheit am Ende von Rohr 1 zu einer wachsenden Amplitude bei. Zusätzlich spielt hier noch eine Resonanzerscheinung zwischen Rohr 1 und Rohr 2 eine Rolle, die jedoch nur auf Grund der sehr kleinen Materialdämpfung möglich ist.

Zusammenfassend betrachtet konnten die Simulationen die Erwartungen, die an das mathematische Modell gestellt wurden, erfüllen. Insbesondere die kleinen Auslenkungsamplituden und die sich verändernden Eigenfrequenzen des Systems deuten auf die Richtigkeit des Modells hin. Daneben werden auch die Starrkörperbewegungen richtig widergegeben. Die Eigenfrequenzen des Modells stimmen außerdem mit ausreichender Genauigkeit mit den an der RWTH Aachen [59] ermittelten Eigenfrequenzen des fertigen Roboters überein. Auch die Auslenkungsamplituden stimmen mit guter Genauigkeit mit den gemessenen Werten überein. Nur die Dämpfung der Rohre wurde in der Simulation aus den oben genannten Gründen kleiner gewählt.

Somit konnte erwartet werden, daß der an das Modell gestellte Anspruch, eine gute Basis zum Reglerentwurf zu sein, erfüllt war. Eine Bestätigung hierfür erbrachten die später durchgeführten Tests des Modells im geschloßenen Regelkreis. Das abgeleitete, analytische Modell gibt somit die wesentlichen physikalischen Eigenschaften eines Roboters mit einem translatorischen und einem rotatorischen Gelenk wieder. Es ist zu erwarten, daß ähnlich konfigurierte Roboter durch das vorliegende Modell ebenfalls ausreichend genau beschrieben werden können, so daß auch für andere Roboter ein Reglerentwurf ermöglicht wird.

Kapitel 3

Reglerentwurf

Dieses Kapitel beschreibt den kompletten Entwurfsvorgang zur Auslegung der gesuchten Regelung. Das beginnt im ersten Abschnitt 3.1 mit der Festlegung der Regelungsziele, die sich im wesentlichen aus den Anforderungen an den *TELMAN* Laborroboter ergaben. Der sich anschließende Abschnitt 3.2 beschreibt die Auswahl des Reglers und die Vorstellung der gesamten Regelungsstruktur für *TELMAN* . Eine Erörterung des Begriffes „aktive Dämpfung" in Abschnitt 3.3 veranschaulicht die Zielsetzung, die hinter dieser Regelungsanforderung steckt. Eine Systemanalyse weist in Abschnitt 3.4 nach, daß die wichtigen Voraussetzungen zur Regelung, wie Steuerbarkeit und Beobachtbarkeit gegeben sind. Außerdem wird die Stabilität des zeitvarianten Systems untersucht. Danach folgt der Abschnitt 3.5, der die in Kapitel 2 abgeleitete Modellbeschreibung so aufbereitet, daß sie für das ausgewählte Entwurfsverfahren geeignet ist. Hier erfolgt auch die Parametrierung des Modells. Im Abschnitt 3.6 folgt die Beschreibung aller notwendigen Schritte, die, ausgehend vom Modell, notwendig sind, um einen realisierbaren Regler zu bestimmen. Der abschließende Abschnitt 3.7 dieses Kapitels 3 bereitet die Regelungsstruktur in einer Form auf, so daß eine direkte Implementation in einem Prozeßrechner ermöglicht wird.

3.1 Regelungsziele

Die Spezifikation des Laborroboters *TELMAN* beschreibt die wesentlichen Anforderungen, die die zu entwerfende Regelung erfüllen muß. Der dort genannte Punkt, überschwingfreies Positionieren einer Nutzlast am Armende stellt jedoch das übergeordnete globale Ziel dar. Dieser Aufgabe untergeordnet sind die eigentlichen Anforderungen an die Regelung.

Die Anforderungen lassen sich in zwei Problemkreise einordnen, die separat bearbeitet wurden. Wie schon erwähnt, gehört hierzu die Schwierigkeit, daß der translatorischen Bewegung eine sehr dominante Reibung im linearen Gelenk überlagert ist. Dieses Problem wurde aus dem Gesamtreglerentwurf herausgelöst und in einer gesonderten Arbeit von Bruce-Boye [9] untersucht. Gleichfalls in dieser Arbeit werden auch die Probleme gelöst, die sich durch Reibung im rotatorischen Gelenk ergeben. Der in dieser Arbeit vorgestellte und später erfolgreich realisierte Störgrößenbeobachter, der durch Störgrößenaufschaltung eine Kompensation der Reibung in den Gelenken erreicht, ist darüber hinaus auch in der Lage, die im System vorhandenen Nichtlinearitäten, die aus der Kopplung von Translations- und Rotationsbewegung bestehen, zu kompensieren. Die Störgrößenkompensation wurde als ein unterlagerter Regelkreis implementiert. Somit kann für die hier zu lösende Aufgabe davon ausgegangen werden, daß ein lineares Modell zu regeln ist.

Eine weitere grundlegende Folgerung aus der nichtlinearen Entkopplung ist die Tatsache, daß anschließend getrennte Regelkreise vorliegen. Der jeweilige Regler für Rotation und Translation kann separat entworfen werden, da nach der Entkopplung zwei Eingrößensysteme vorliegen.

Somit ergibt sich aus den beiden vorigen Absätzen, daß eine Positions- und Geschwindigkeitsregelung sowohl für die Rotations- als auch für die Translationsbewegung getrennt entworfen werden kann. Von der Zielsetzung ist das Thema dieser Arbeit, die aktive Dämpfung der elastischen Schwingungen, der Positions- und Geschwindigkeitsregelung in der Rotationsbewegung untergeordnet. Es zeigt sich jedoch, daß beide Ziele mit den gleichen Mitteln erreicht werden können. Die Translationsbewegung wird als Starrkörperbewegung betrachtet. Die Begründung hierfür läßt sich aus der Konstruktion des Laborroboters ableiten. Dagegen ist die aktive Dämpfung in der horizontalen Rotationsebene der wesentliche Teil dieser Arbeit. Die eventuell entstehenden vertikalen elastischen Bewegungen wurden unberücksichtigt gelassen, da hierfür kein Stellglied zur Beeinflussung vorgesehen war.

Neben den bis hier genannten Zielen galt es auch, geeignete Maßnahmen gegen externe Störungen vorzusehen, um die vorgesehene Positioniergenauigkeit einzuhalten. Unter diesen externen Störungen werden insbesondere die durch Meßrauschen in das System hineingetragenen Probleme verstanden. Als weitere Störungsquelle wurde eine möglicherweise nicht exakte Störungsaufschaltung aus dem Bereich der Reibungskompensation und der nichtlinearen Entkopplung erkannt. Es war daher als weiteres Regelungsziel zu fordern, daß eine ausreichende Störungsunterdrückung durch den zu entwerfenden Regler gewährleistet wird.

Auch noch zum Thema Störungen gehört das Problem der Modellunsicherheit. Nicht nur die Bildung von Betriebsfällen (siehe hierzu nachfolgenden Abschnitt), sondern auch die Vereinfachungen, die bei der Modellbildung vorgenommen wurden, tragen dazu bei, daß mit gewissen Unstimmigkeiten zwischen Modell und Realität gerechnet werden muß. Auch gegenüber dieser Problematik sollte der Regler sich robust verhalten.

Damit lassen sich vier wesentliche Regelungsziele auflisten, wenn der abgekoppelte Problemkreis Störgrößenaufschaltung nicht mit berücksichtigt wird:

1. Positionsregelung
2. Geschwindigkeitsregelung
3. Aktive Dämpfung

4. Störungsunterdrückung

Diese genannten vier Problemkreise sollen von dem zu entwerfenden Regler gelöst werden. Die Anforderungen bezüglich der maximalen Geschwindigkeiten und Beschleunigungen zeigt nachfolgende Tabelle. Aus dieser Tabelle ergeben sich auch die zulässigen Rege-

Nr.	Größe	Wert	Einheit	Bemerkungen
1.	$\dot{\phi}_{max}$	1.0	rad/s	Maximale Rotationsgeschwindigkeit
2.	$\ddot{\phi}_{max}$	5.0	rad/s^2	Maximale Rotationsbeschleunigung
3.	$\dot{r}_{max}$	0.05	m/s	Maximale Translationsgeschwindigkeit
4.	$\ddot{r}_{max}$	0.1	m/s^2	Maximale Translationsbeschleunigung

Tabelle 3.1: Bewegungsanforderungen an *TELMAN* (aus der Projektspezifikation)

lungseigenwerte, die mit dem noch zu beschreibenden Konzept erreicht werden müssen. Grundlage hierzu sind die maximal möglichen Bewegungsbereiche :

Translation : 0.7 m　　Rotation : $180° \mathrel{\widehat{=}} \pi$ rad

Bei Verwendung der maximalen Geschwindigkeiten dürfen somit für den vollen Bewegungsbereich folgende Zeiten verstreichen :

Translation : 14 s　　Rotation : 3.14 s

Somit sollen die Beträge der dominanten Regelungseigenwerte für die jeweilige Eigenbewegung in die folgenden Bereiche plaziert werden :

Translation : $\omega_0 \approx 0.45$　　Rotation : $\omega_0 \approx 2.00$

3.2 Regelungskonzept

Die Auswahl des Reglers wurde durch die im vorigen Abschnitt dargelegten Regelungsanforderungen sowie durch das Ziel einer möglichst einfachen, betriebssicheren Realisierungsmöglichkeit vorgegeben. Daneben galt es, ein zeitveränderliches System zu regeln. Die eigentliche Regelung sollte mit einem Prozeßrechner durchgeführt werden.

Zur Auswahl standen auf Grund des zeitveränderlichen Modells ein konstanter, robuster Regler und ein adaptiver, zeitveränderlicher Regler. Für beide Konzepte wurde in der Grundstruktur eine mit einer konventionellen Regelung erweiterte Zustandsregelung vorgesehen. Ein adaptives Reglerkonzept wird man immer dann einsetzen, wenn konstante Regler nicht mehr zu einem guten Regelverhalten führen. Somit wurde zunächst das robuste Regelkonzept verfolgt und, wie sich später zeigte, mit guten Ergebnissen erprobt. Damit entfiel die Notwendigkeit eines adaptiven Reglers. Außerdem besitzt der adaptive Regler im Vergleich zu einem konstanten Regler noch andere Nachteile. Eine adaptive Regelungsstruktur erfordert neben dem eigentlichen Regler mit veränderlichen Parametern auch eine Identifikationseinrichtung und eine globale Überwachungseinrichtung. Diese zusätzlichen Algorithmen hätten im Prozeßrechner zu übermäßig langen Rechenzeiten geführt. Auf Grund der relativ hochfrequenten Schwingungen ist jedoch eine sehr schnelle

Abtastfolge erforderlich, so daß auch aus diesem Grund das adaptive Konzept verworfen wurde.

Ziel des Reglerentwurfs war also ein konstanter Regler, der in der Lage ist, allen Regelungsanforderungen in allen Betriebsbereichen gerecht zu werden. Das dabei auftretende Grundproblem stellte die Zeitveränderlichkeit des Modells dar. Im Hinblick auf das später ausgewählte Verfahren zum Entwurf des robusten Reglers (siehe Abschnitt 3.6) wurde das zeitvariante Modell auf vier charakteristische Betriebsfälle (BF) reduziert. Dadurch ensteht ein sogenanntes Multi-Modell-Problem, das aus einer Anzahl von zeitinvarianten Modellen besteht, die das Systemverhalten in einem bestimmten Betriebszustand beschreiben. Diese Vorgehensweise wird beispielsweise in [3] oder [63] vorgeschlagen. Die Parameter der einzelnen Betriebsfälle und deren Zuordnung zeigt die Tabelle 3.2, die sich in Abschnitt 3.5.2 findet. Anhand dieser Betriebsfälle läßt sich eine robuste Ausgangs- bzw. Zustandsregelung entwerfen.

Da die in dieser Arbeit vorgestellte Regelung nur ein Aspekt des gesamten Regelungsproblems *TELMAN* ist, soll an dieser Stelle ein kleiner Überblick über die komplette Regelungsstruktur gegeben werden. Bei Einsatz aller Regler, also neben der aktiven Dämpfung einschließlich der Starrkörperregelung auch der Reibungskompensation und der nichtlinearen Entkopplung, entsteht dann eine Form, die das Aussehen eines schalenförmigen Mehrschichtenmodells hat (Bild 3.1). Im Kern der Struktur befindet sich

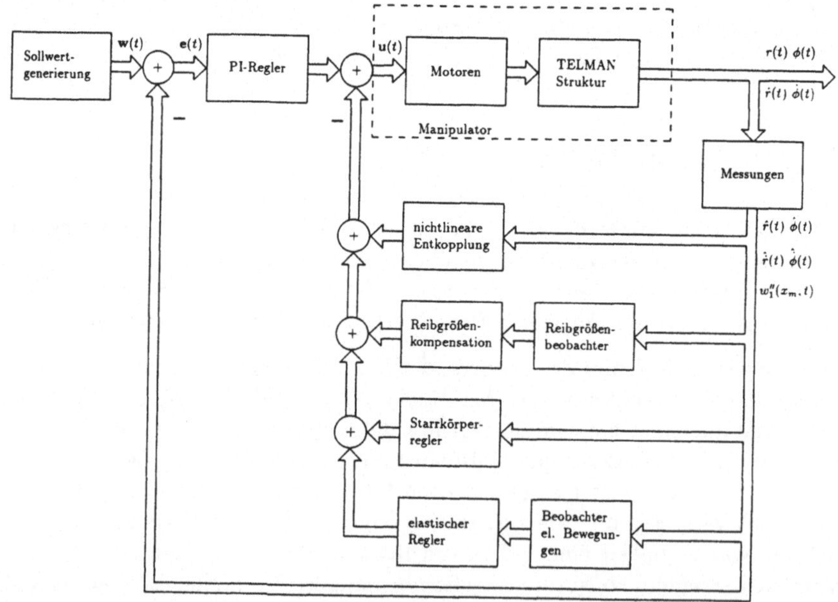

Bild 3.1: Mehrschichtenmodell der Regelung für *TELMAN*

das ungeregelte, nichtlineare, zeitvariante und elastische Labormodell von *TELMAN* . Zu diesem Modell zählen auch die im Abschnitt 2.8 beschriebenen, elektrischen Antriebe und die Meßeinrichtungen. Die beiden innersten Schichten stellen die Störgrößenaufschaltung zur Reibungskompensation und die nichtlineare Entkopplung dar. Die äußerste Schicht symbolisiert die Positions- und Geschwindigkeitsregelung. Dieser Schicht untergeordnet ist die Regelung zur aktiven Dämpfung der elastischen Bewegungen.

Um jedoch ein Regelungskonzept für die äußeren beiden Schichten zu erstellen, müssen zunächst einige Systemeigenschaften untersucht werden. Die Ergebnisse dieser Untersuchungen finden sich in den nachfolgenden Abschnitten. Sie haben wesentlichen Einfluß auf die Wahl der Regelungsstruktur und des Entwurfsverfahrens. Vor der Prüfung der Systemeigenschaften soll zunächst der Begriff „aktive Dämpfung“ näher beleuchtet werden.

3.3 Aktive Dämpfung

Um den Begriff „aktive Dämpfung“ zu erläutern, und damit das schon früher genannte Regelungsziel näher zu spezifizieren, soll hier zuerst die Dynamik des zu regelnden Systems untersucht werden. Die Analyse der Systemdynamik erfolgt auf der Basis der Eigenwerte der vier verschiedenen Betriebsfälle. Die Eigenwertverteilung in der komplexen Ebene gibt Bild 3.2 wider. Eine Liste aller Eigenwerte findet sich im Anhang A.6.

Anhand der Eigenwertliste zeigt sich zunächst, daß jeder Betriebsfall vier Eigenwerte im Ursprung der komplexen Ebene besitzt, während die restlichen, konjugiert komplexen Eigenwertpaare in der linken Halbebene verteilt liegen. Die vier reellen Eigenwerte im Ursprung repräsentieren die Starrkörperbewegungen Rotation und Translation als Eigenbewegungen mit Doppelintegratorverhalten.

Des weiteren läßt sich aus der Eigenwertliste ablesen, daß die elastischen Eigenbewegungen jeweils durch ein Eigenwertpaar mit einem kleinen, negativen Realteil im Vergleich zu einem relativ großen, konjugiert komplexen Imaginäranteil ausgezeichnet sind. Hierzu gibt die rechte Spalte im Anhang A.6 jeweils die Dämpfung an. Es fällt deutlich auf, daß mit steigender Eigenfrequenz auch die Dämpfung wächst. Die dominanten, elastischen Eigenwerte mit Realteilen in der Nähe des Ursprunges, besitzen eine sehr kleine Dämpfung im Vergleich zu den restlichen Eigenwerten. Zum Vergleich: Ein gut gedämpftes Einschwingverhalten besitzt ein schwingungsfähiges VZ-2 Glied bei einer Dämpfung von $\zeta \approx 0.7$. Die vorliegenden Dämpfungen liegen zwei Zehnerpotenzen niedriger.

Das Ziel der Regelung zur aktiven Dämpfung muß daher eine Vergrößerung der Dämpfung ζ der elastischen Eigenbewegungen sein. Anschaulich läßt sich das an Bild 3.2 klar machen. Eine Dämpfung von $\zeta \approx 0.7$ entspricht einer Eigenwertlage auf der eingezeichneten 45°-Linie[1] in der negativen Halbebene. Eine Regelung mit aktiver Dämpfung muß daher die dominanten elastischen Eigenwerte in Richtung der 45°-Linie[1] verschieben. Dabei ist es wünschenswert, diese Verschiebung bei konstantem Betrag, also konstanter Eigenfrequenz durchzuführen, um dem System möglichst wenig „Gewalt“ antun zu müssen, und um die

[1] Auf Grund des Maßstabes der Achsen erscheint diese Linie in Bild 3.2 nicht im Winkel von 45°.

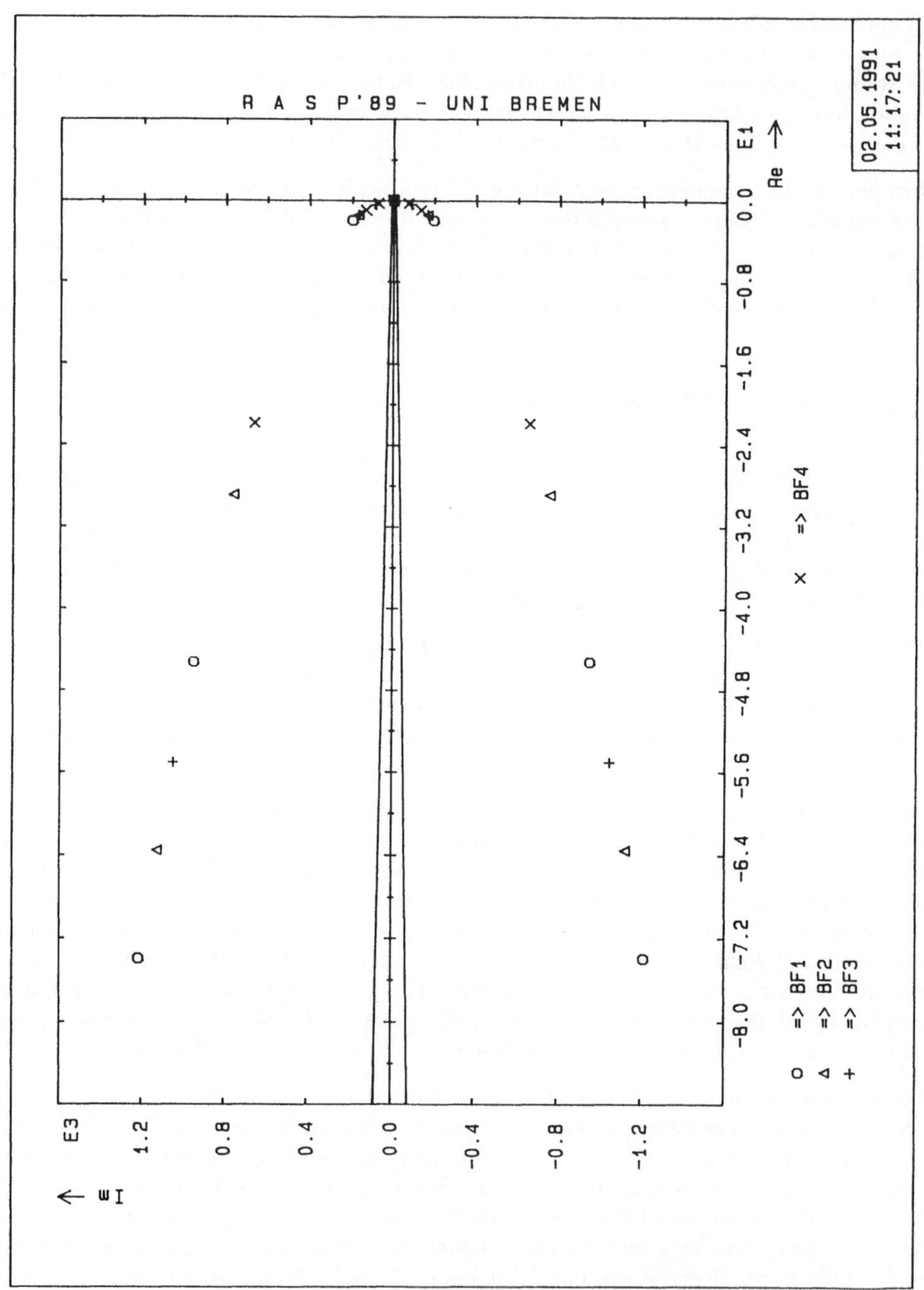

Bild 3.2: Eigenwertverteilung der vier Betriebsfälle

Stellgröße nicht zu groß werden zu lassen. Unter dieser Prämisse erfolgt eine Veränderung von Real- und Imaginärteil. Bei den sehr stark ungedämpften elastischen Freiheitsgraden bewirkt die Regelung anfangs eine betragsmäßige Vergrößerung des relativ kleinen Realteils. Den hier beschriebenen Vorgang bezeichnet man als aktive Dämpfung.

Eine andere Möglichkeit zur Unterdrückung unerwünschter Schwingungen der Arme ist die Plazierung von gut gedämpften, dominanten Starrkörpereigenwerten in der Nähe des Ursprungs der komplexen Ebene. Als Folge hiervon werden jedoch die Starrkörperbewegungen sehr langsam. Umgekehrt ist die Anregung der elastischen Bewegungen dann sehr schwach. Man muß abwägen zwischen der Schnelligkeit der Starrkörperbewegungen und der Anregung der elastischen Bewegungen.

Außerdem darf man beim Finden des Kompromisses die gewünschten Bewegungsgeschwindigkeiten des Roboters nicht aus den Augen verlieren. Ebenfalls einen sehr großen Einfluß auf das Schwingungsverhalten des Systems hat die Bahnplanung für den Roboter. Geeignete Bahnen mit sehr „runden" Ecken können dafür sorgen, daß elastische Schwingungen kaum angeregt werden und die Auslenkung, die durch die Elastizität des Armes zustande kommt, sehr klein bleibt. Im Gegensatz zu der eingangs erklärten aktiven Dämpfung sind diese Methoden eher als passive Maßnahmen zu verstehen.

3.4 Systemanalyse

Damit die Regelung überhaupt einen Einfluß auf das System ausüben kann, müssen die beiden Systemeigenschaften Steuerbarkeit und Beobachtbarkeit geprüft werden. Die Analyse dieser beiden Eigenschaften muß zeigen, ob die Stell- und Meßglieder in ausreichender Anzahl und an den richtigen Stellen benutzt werden. Eine nachfolgende Stabilitätsanalyse ergibt dann, ob das ausgewählte Regelungskonzept in der Lage ist, für das vorliegende zeitvariante System einen stabilen, geschlossenen Regelkreis zu erzeugen.

Die genannten Systemanalysen werden am zeitinvarianten Multi-Modell Problem durchgeführt, das zu regelnde System ist jedoch ein zeitvariantes. Für die Systemeigenschaften Steuerbarkeit und Beobachtbarkeit ist der Aufwand zu ihrer Überprüfung jedoch unverhältnismäßig groß, insbesondere bei Systemen mit hoher Ordnung [17]. Da diese Aussage auch für das vorliegende System zutrifft, wurden die Systemeigenschaften in dieser Arbeit punktuell zu verschiedenen Zeitpunkten untersucht. Unter den praktischen Bedingungen des Laborroboters und auf Grund der nur geringen zeitlichen Veränderungen in den Parametern erscheint diese Vorgehensweise zulässig und man kann davon ausgehen, daß die Systemeigenschaften während der Übergangsphasen nicht verloren gehen. Daher kann die Prüfung an den zu verschiedenen Zeitpunkten „eingefrorenen", zeitinvarianten Modellen vorgenommen werden. Dem gegenüber steht die Stabilitätsanalyse des zu regelnden Systems. Da es in der Literatur Beispiele für zeitvariante Systeme gibt, die trotz stabiler Eigenwerte instabiles Verhalten aufweisen, z. B. in [66], muß diese Prüfung auf der Basis des zeitveränderlichen Systems vorgenommen werden.

Die nachfolgenden drei Abschnitte beschreiben die Systemanalyse. Die ersten beiden

Teile untersuchen das Modell bezüglich der Systemeigenschaften Steuerbarkeit und Beobachtbarkeit. Der dritte Teil enthält eine Untersuchung zur Stabilität des zeitveränderlichen Regelkreises.

3.4.1 Steuerbarkeit

Eine Voraussetzung für die Beeinflußung der dynamischen Eigenschaften eines Systems durch Regelung ist die Systemeigenschaft der vollständigen Steuerbarkeit. Die Bedeutung dieser Systemeigenschaft liegt darin, daß mit dem Kriterium zur Prüfung der Steuerbarkeit eine Aussage gemacht werden kann, ob die Anzahl und die Plazierungen der Stellglieder richtig im Sinne der gewünschten Regelungsziele ausgewählt wurden. Im vorliegenden System sind die Antriebsmotoren für Rotation und Translation die zu prüfenden Stellglieder.

Die Prüfung auf Steuerbarkeit kann auf zwei Arten erfolgen. Das eine Kriterium, das mit dem Namen von KALMAN verbunden ist, überprüft den Rang der sogenannten Steuerbarkeitsmatrix, die wie folgt aus den Systemmatrizen aufgebaut wird:

$$\mathbf{S} = \begin{pmatrix} \mathbf{B} & \mathbf{AB} & \mathbf{A}^2\mathbf{B} & ,\ldots, & \mathbf{A}^{n-1}\mathbf{B} \end{pmatrix}$$

Wenn der Rang dieser Matrix gleich der Systemordnung ist, dann wird das System als vollständig steuerbar bezeichnet. Dieses Kriterium ist jedoch numerisch sehr schlecht auswertbar, da eine Rangbestimmung ein nichttriviales Problem darstellt. Daneben sind sehr viele rechenaufwendige Matrizenmultiplikationen erforderlich.

Das andere Kriterium, das von HAUTUS [30] stammt, ist numerisch gesehen gutartiger. Danach ist ein System dann steuerbar, wenn das modaltransformierte System in Zustandsform keine Nullzeile in der Stelleingriffsmatrix enthält, d. h. jede Eigenbewegung ist durch die Stellglieder beeinflußbar.

Mit einem kurzen in MATLAB [1] geschriebenen Programm konnte die Prüfung der Steuerbarkeit nach HAUTUS für alle vier Betriebsfälle, sowie für verschiedene „eingefrorene" Modelle zwischen den Betriebsfällen, durchgeführt werden. Es ergab sich als Resultat, daß alle vier Systeme des Multi-Modell Problems vollständig steuerbar sind. Außerdem konnte kein nicht steuerbares Verhalten während der Übergangsphasen festgestellt werden. Somit läßt sich das vorliegende System mit den beiden Antrieben für Rotation und Translation beliebig im Rahmen der Stellgliedbeschränkungen beeinflußen.

3.4.2 Beobachtbarkeit

Die zur vollständigen Steuerbarkeit duale Systemeigenschaft ist die vollständige Beobachtbarkeit eines dynamischen Systems. Die Eigenschaft der Beobachtbarkeit läßt eine Beurteilung zu, ob die Meßeinrichtungen in ausreichender Anzahl und an den richtigen Stellen plaziert wurden. Gemessen werden im System *TELMAN* jeweils Position und Geschwindigkeit der Starrkörperbewegung, sowie die Dehnung des Roboterarmes an einer Meßstelle ($x_m = 0.1\times$ Armlänge).

Auf Grund der Dualität zur Steuerbarkeit existieren beide Kriterien zur Steuerbarkeit auch in einer Form zur Prüfung der Beobachtbarkeit. Die Aussagen zur Numerik behalten ihre Gültigkeit, so daß nach dem zweitgenannten Kriterium geprüft wurde.

Das Kriterium von HAUTUS zur Beobachtbarkeit lautet anschaulich wie folgt: Wenn die Meßmatrix des modal transformierten Systems keine Nullspalten enthält, d. h. wenn jede Modalkoordinate in den Meßvektor mit eingeht, dann ist das System vollständig beobachtbar.

Das oben genannte MATLAB-Programm ließ auch die Prüfung auf Beobachtbarkeit zu. Alle vier Betriebsfälle erwiesen sich als vollständig beobachtbar. Auch in den Übergangsphasen zwischen den Betriebsfällen konnten keine nicht beobachtbaren Zustände erkannt werden. Es ließ sich sogar zeigen, daß die Messung der Dehnung prinzipiell nicht notwendig ist, da das System auch ohne diese Messung vollständig beobachtbar ist. Die Dehnungsmessung erscheint jedoch notwendig, da die Biegung nur sehr schwach in den Starrkörpermessungen enthalten ist und außerdem sehr leicht durch nichtlineare Effekte in den Getrieben überdeckt werden könnte. Somit können alle für die vorgesehene vollständige Zustandsrückführung notwendigen Größen entweder durch direkte Messung oder durch Rekonstruktion zur Verfügung gestellt werden.

3.4.3 Stabilität

Bei der Synthese eines Regelkreises muß darauf geachtet werden, daß der eingesetzte Regler unter allen Betriebsbedingungen ein stabiles Systemverhalten erzeugt. Die Prüfung auf Stabilität kann bei zeitinvarianten Systemen an Hand der Lage der Eigenwerte der vier Betriebsfälle geschehen. Man kommt zu dem Schluß, daß nach den bekannten Definitionen und Sätzen über Stabilität eines dynamischen, linearen und zeitinvarianten Systems in Zustandsform (siehe z.B. [51]), hier ein instabiles System vorliegt. Wie schon erwähnt, liegen mehrere Eigenwerte des zeitinvarianten Systems eines Betriebsfalles im Ursprung der komplexen Ebene. Die Eigenwerte im Ursprung, die die Starrkörperbewegungen repräsentieren, gelten nach der Definition der Stabilität als instabil, weil sie als grenzstabile Eigenwerte eine Vielfachheit größer Eins aufweisen. Alle anderen Eigenwerte des Systems besitzen einen negativen Realteil und sind somit als stabil zu bezeichnen.

Für den Betrieb des Roboters *TELMAN* ist jedoch die Stabilität des offenen Kreises von sekundärer Bedeutung. Entscheidend ist die Stabilität des geschlossenen Kreises. Durch die Verwendung eines Zustandsreglers läßt sich für die einzelnen Betriebsfälle ein stabiles Systemverhalten garantieren, wenn der Regler geeignet entworfen wurde. Offen bleibt jedoch die Frage nach der Stabilität während der Übergangsphasen zwischen den Betriebsfällen.

Für den vorliegenden Modellansatz, der in der Englisch sprachigen Literatur „frozen-parameter approach“ genannt wird, gibt es Stabilitätskriterien, bei denen die Lage der Eigenwerte nur eine Bedingung für Stabilität ist. Die andere Bedingung stellt die beschränkte Änderungsgeschwindigkeit der Systemparameter dar. Ein Beispiel für ein instabiles, zeitvariantes System mit stabilen Eigenwerten diente ROSENBROCK [66] als Ausgangspunkt für seinen Satz zur Stabilität zeitvarianter Systeme. Dieser Satz wurde von KAMEN, KHARGONEKAR, TANNENBAUM [37] auf zeitveränderliche, mit einer zeitvarianten Rückkopplung versehene Systeme erweitert. Der Ausgangspunkt ihres Satzes beginnt bei der zeitvarianten Systembeschreibung:

$$\dot{\mathbf{x}}(t) = \mathbf{A}(t)\mathbf{x}(t) + \mathbf{B}(t)\mathbf{u}(t) \tag{3.1}$$

Dieses System ist mit dem Rückkopplungsvektor $\mathbf{K}_p$ dann und nur dann punktweise stabilisierbar, wenn man, wie HAUTUS [31] bewiesen hat, die vollständige Steuerbarkeit der Punktsysteme ($\widehat{=}$ Betriebsfälle) in der „frozen-parameter" Beschreibung

$$\dot{\mathbf{x}}(t) = \mathbf{A}(p)\mathbf{x}(t) + \mathbf{B}(p)\mathbf{u}(t) \quad \text{mit} \quad p = 1, 2, 3, \ldots \tag{3.2}$$

annimmt. Diese Beschreibung entspricht der von ACKERMANN [3] eingeführten und später auch in dieser Arbeit verwendeten Multi-Modell Beschreibung zum Reglerentwurf. Die punktweise Stabilisierbarkeit wird dann erweitert für den Fall der zeitvarianten Rückführung, er impliziert aber auch die konstante Rückkopplung. KAMEN et. al. bewiesen dann den folgenden Satz:

Satz 3.1 (Kamen, Khargonekar, Tannenbaum) *Wenn das System (3.1) punktweise stabilisierbar ist, mit $\gamma > 0$ und*

$$Re\ \lambda_i\Big(\mathbf{A}(p) - \mathbf{B}(p)\mathbf{K}_p\Big) \leq -\gamma \quad mit \quad i = 1, 2, 3, \ldots, n$$

dann gibt es eine Rückkopplungsmatrix $\mathbf{K}(t)$, so daß gilt:

$$Re\ \lambda_i\Big(\mathbf{A}(t) - \mathbf{B}(t)\mathbf{K}(t)\Big) \leq -\gamma \quad f\ddot{u}r \quad i = 1, 2, 3, \ldots, n; \quad t \geq 0$$

Die Einträge in $\mathbf{K}(t)$ bestehen dann aus differenzierbaren Funktionen der Parameter von $\mathbf{A}(t)$ und $\mathbf{B}(t)$. Dann ist $\mathbf{K}(t)$ und $\dot{\mathbf{K}}(t)$ beschränkt. Wenn mit

$$\sup_{t \geq 0} \left\|\dot{\mathbf{A}}(t)\right\| = \dot{a}_m < \infty \quad und \quad \sup_{t \geq 0} \left\|\dot{\mathbf{B}}(t)\right\| = \dot{b}_m < \infty$$

auch $\dot{a}_m$ und $\dot{b}_m$ hinreichend klein sind, dann ist das geschlossene System

$$\dot{\mathbf{x}}(t) = \Big(\mathbf{A}(t) - \mathbf{B}(t)\mathbf{K}(t)\Big)\mathbf{x}(t)$$

asymptotisch stabil. ■

In CONTI [15] wird die zuletzt angegebene Bedingung so weit abgeschwächt, daß eine beschränkte Änderungsgeschwindigkeit der Systemparameter gefordert wird.

Auf das vorliegende Problem angewendet, bedeutet dieser Satz zunächst, daß der zu suchende Regler auf jeden Fall ein beschränktes $\dot{\mathbf{K}}(t)$ haben wird, da ein konstanter Regler zum Einsatz kommt. Außerdem ist das vorliegende System punktweise steuerbar und damit auch punktweise stabilisierbar. Danach muß die Lage der Eigenwerte untersucht werden. Diese werden im geregelten System mit Sicherheit links von der imaginären Achse und auch links von einem $-\gamma < 0$ liegen. Die benutzten Entwurfsverfahren stellen die im Satz erstgenannte Stabilitätsbedingung sicher. Die zweite Bedingung, also die hinreichend kleine Änderungsgeschwindigkeit, ist schwieriger zu untersuchen. Der entscheidende Systemparameter ist die Ausfahrlänge bzw. die Ausfahrgeschwindigkeit, da die Einträge in der Systemmatrix $\mathbf{A}(t)$ und der Eingangsmatrix $\mathbf{B}(t)$ hiervon während des Betriebes abhängen. Die Nutzlast vermag sprungförmige Änderungen vorzunehmen, die aber nicht während des Regelvorganges stattfinden. Es gilt hier die vorausgesetzte punktweise Stabilisierbarkeit, da die Nutzlastmasse ein Parameter zur Festlegung der Multi-Modell Beschreibung ist.

Die Änderungsgeschwindigkeit der Parameter des zu regelnden Systems ist somit abhängig von der maximal erlaubten Translationsgeschwindigkeit, die auf 5 cm/s beschränkt war. Das führt dann dazu, daß $\dot{a}_m$ und $\dot{b}_m$ auch einen hinreichend kleinen Wert annehmen. Die zahlenmäßige Untersuchung führte bei maximal erlaubter Bewegungsgeschwindigkeit auf die beiden folgenden Zahlen, wenn man zur Berechnung der Normen die FROBENIUS-Norm benutzt:

$$\dot{a}_m = 7.95 \cdot 10^5 \qquad \dot{b}_m = 5.51 \cdot 10^{-3}$$

Diese Zahlen können für das vorliegende System als hinreichend klein angenommen werden. Außerdem stellen diese Zahlen jeweils eine obere Schranke für die Änderungsgeschwindigkeit der Systemparameter dar. Somit ist der geschlossene Regelkreis für *TELMAN* stabil.

Da die Ausdrücke „hinreichend klein“ und „beschränkt“ in den oben zitierten Sätzen nur sehr unscharfe Formulierungen darstellen, die aber in der Stabilitätstheorie für zeitvariante Systeme üblich sind, sei hier noch angefügt, daß auch die Simulationsuntersuchungen des geschlossenen Regelkreises keinerlei Hinweise auf eventuell vorhandene instabile Systemzustände während der Übergangsphasen zwischen den vier festgelegten Betriebsfällen erbrachten.

Neben der Zeitvarianz des Modells gibt es noch ein weiteres Problem zur Stabilität, auf das kurz hingewiesen werden soll. Im Mittelpunkt des Problemkreises „vernachlässigte Einflüsse“ steht der Reihenabbruch des RITZ-Ansatzes. Hierzu gibt es eine Untersuchung [75], die besagt, daß die Eigenfrequenzen des Systems mit zunehmender Frequenz immer stärker gedämpft und stabil sind. Die Liste der Modelleigenwerte im Anhang A.5, in der auch die Dämpfungen der einzelnen, konjugiert komplexen Eigenwertpaare enthalten sind, zeigt diesen Sachverhalt für die berücksichtigten Eigenwerte. Die Dämpfung ζ wächst mit der Frequenz. Somit ist aus diesem Reihenabbruch kein destabilisierender Einfluß zu erwarten.

Insgesamt werden die während der Modellbildung vernachlässigten Einflüsse beim Reglerentwurf als Störung betrachtet, so daß zwar ein gewisses Maß an Robustheit gegen Parameterungenauigkeiten gefordert ist, jedoch keine destabilisierenden Effekte von diesen Ungenauigkeiten zu erwarten sind.

3.5 Formulierung des Entwurfsproblems

3.5.1 Ableitung der Regelungsstruktur

Basis für die Regelungsstruktur sind die Anforderungen, die an den Regelkreis gestellt werden. Die als mathematisches Multi-Modell Problem formulierte Systembeschreibung wird hierzu in einen Regelkreis eingebracht. In dem geschlossenen Kreis müssen die geeigneten Regler eingesetzt werden.

Als erste wesentliche Anforderung war schon über die notwendige Stabilität des Kreises gesprochen worden, die eine Rückführung von Meßgrößen zur Dynamikveränderung des Systems *TELMAN* notwendig macht. Für diese Aufgabe ist die vollständige Zustandsrückführung gut geeignet, da mit dieser Art Regelung neben der Stabilisierung auch das Problem der aktiven Dämpfung angegangen werden kann. Eine Verschiebung der Eigenwerte läßt sich mit dieser Regelung gezielt erreichen.

Als weitere Anforderung ist besonders die Einhaltung der vorgegebenen Sollwerte für Position und Geschwindigkeit hervorzuheben. Um hier zu einer möglichst kleinen Regeldifferenz zu kommen, wurden für die Starrkörperbewegungen konventionelle P- bzw. PI-Regler eingesetzt. Deren Integralanteil gewährleistet die verschwindende Regeldifferenz. Dabei soll für die Positionsregelung jeweils ein PI-Regler eingesetzt werden, während für die Geschwindigkeitsregelung ein P-Regler ausreicht. Ein integraler Anteil im Geschwindigkeitskreis bringt keine neuen Informationen in das System hinein, da das Integral über die Geschwindigkeit schon in der Positionsrückführung enthalten ist. Diese Kombination von Zustands- und konventioneller Regelung soll im weiteren Text, wie allgemein üblich, PI-Zustandsregelung genannt werden.

Aus dem vorstehenden Text läßt sich das Strukturbild der gesuchten PI-Zustandsregelung einschließlich Modell aufbauen. Alle beteiligten Parameter, die zur aktiven Dämpfung notwendig sind, lassen sich in Bild 3.3 widerfinden. Verzichtet wurde auf alle zusätzlichen Regler, wie beispielsweise die Reibgrößenkompensation. Im Bild 3.3 wird noch eine weitere Besonderheit deutlich. Während die Zustände Position und Geschwindigkeit direkt meßbar sind, enthält das Meßsignal für die Dehnung die elastischen Zustände in einer Form, die es nicht erlaubt, diese hieraus direkt abzuleiten. Näheres findet sich hierzu im Anhang D.3.3. Es ist zur Rekonstruktion dieser Zustände ein Beobachter erforderlich. Die Wahl fiel auf einen Beobachter nach KUREK [47], der ohne die üblicherweise benötigte Eingangsgröße auskommt. In Simulationen [8] und praktischen Tests [21] erwies sich dieser Beobachter im Vergleich zu den bekannteren KALMAN- oder LUENBERGER-Beobachtern als sehr robust gegenüber Parametervariationen. Daneben kann dieser Beobachter als eine dynamische Rückführung betrachtet werden, was eine Beobachterauslegung mit vorhandenen Reglerentwurfsprogrammen ermöglicht. Die mathematische Beschreibung und die Auslegung des Beobachters erfolgt weiter unten im Rahmen der Reglerauslegung. Die vom Beobachter geschätzten Zustände werden anschließend über den Zustandsregler zurückgeführt.

Für den rechnergestützten Reglerentwurf muß die Regelungsstruktur in Bild 3.3 in eine

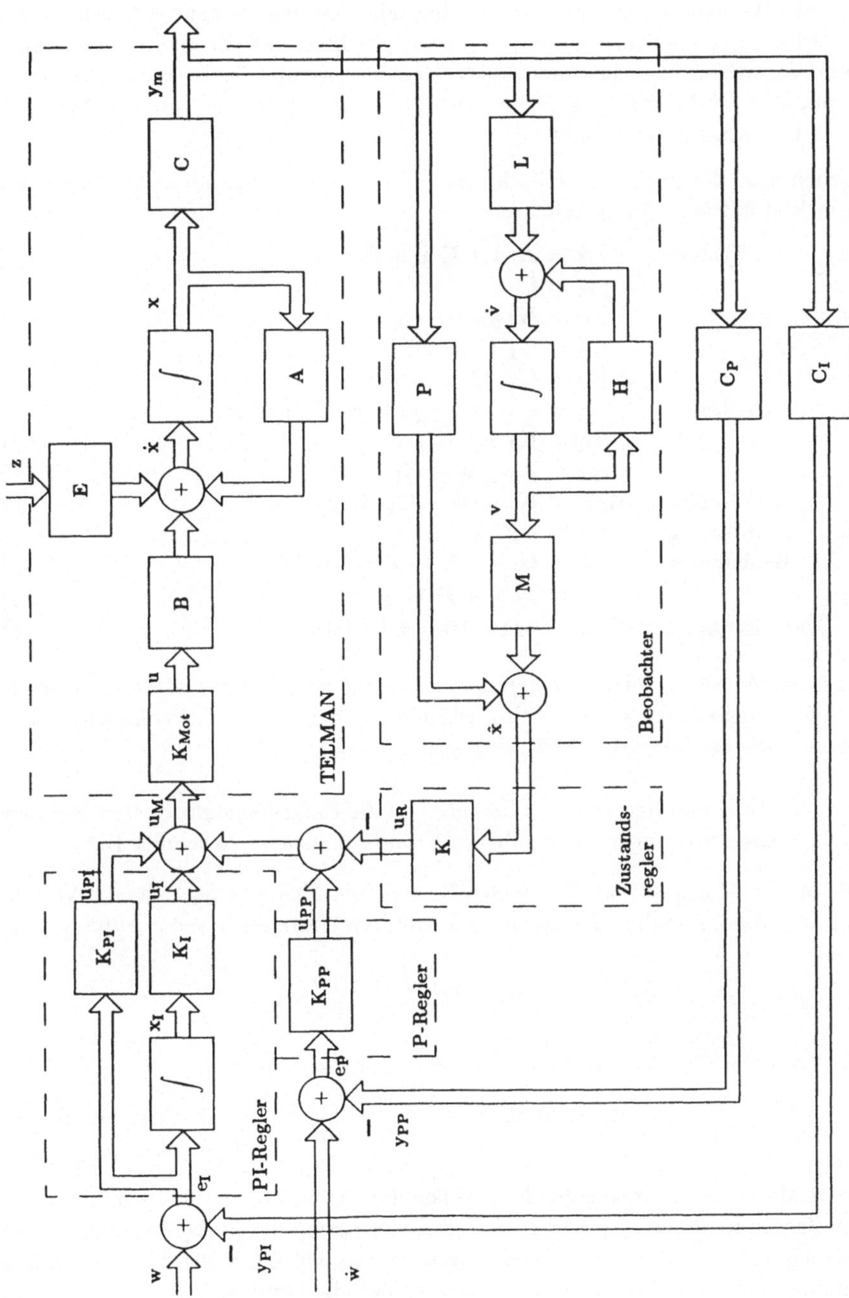

Bild 3.3: Regelungsstruktur aktive Dämpfung

mathematische Beschreibung umgeformt werden. Die Ableitung erfolgt beispielhaft für einen einzelnen Betriebsfall, die anderen Betriebsfälle besitzen die gleiche Beschreibung. Bei der Aufstellung der Gleichungen wurde darauf geachtet, daß die sich ergebenden Strukturen eine Form besitzen, die eine direkte Berechnung aller freien Parameter durch das Programmpaket VOMOSY [34], (siehe auch Anhang B.2), sowie durch in MATLAB geschriebene Programme ermöglicht.

Es ergeben sich die folgenden Gleichungen, die in Matrixschreibweise das dynamische System in Bild 3.3 vollständig beschreiben:

$$
\begin{aligned}
\text{System :}\quad && \dot{\mathbf{x}} &= \mathbf{A}\ \mathbf{x} + \mathbf{B}\ \mathbf{u} + \mathbf{E}\ \mathbf{z} && (3.3)\\
&& \mathbf{y_m} &= \mathbf{C}\ \mathbf{x} && (3.4)\\
&& \mathbf{u} &= \mathbf{K_{Mot}} \mathbf{u_M} && (3.5)\\
&& \mathbf{y_{PI}} &= \mathbf{C_I}\ \mathbf{C}\ \mathbf{x} && (3.6)\\
&& \mathbf{y_{PP}} &= \mathbf{C_P}\ \mathbf{C}\ \mathbf{x} && (3.7)\\
\text{PI-Regler :}\quad && \dot{\mathbf{x}}_\mathbf{I} &= \mathbf{e} = \mathbf{w} - \mathbf{y_{PI}} = \mathbf{w} - \mathbf{C_I}\ \mathbf{C}\ \mathbf{x} && (3.8)\\
&& \mathbf{u_I} &= \mathbf{K_I}\ \mathbf{x_I} && (3.9)\\
&& \mathbf{u_{PI}} &= \mathbf{K_{PI}}(\mathbf{w} - \mathbf{C_I}\ \mathbf{C}\ \mathbf{x}) && (3.10)\\
\text{P-Regler :}\quad && \mathbf{u_{PP}} &= \mathbf{K_{PP}}(\dot{\mathbf{w}} - \mathbf{C_P}\ \mathbf{C}\ \mathbf{x}) && (3.11)\\
\text{Zustandsrückführung :}\quad && \mathbf{u_R} &= -\mathbf{K}\ \hat{\mathbf{x}} && (3.12)\\
\text{Beobachter :}\quad && \dot{\mathbf{v}} &= \mathbf{H}\ \mathbf{v} + \mathbf{L}\ \mathbf{C}\ \mathbf{x} := \mathbf{u_B} && (3.13)\\
&& \hat{\mathbf{x}} &= \mathbf{M}\ \mathbf{v} + \mathbf{P}\ \mathbf{C}\ \mathbf{x} && (3.14)\\
\text{Systemeingang :}\quad && \mathbf{u_M} &= \mathbf{u_{PI}} + \mathbf{u_{PP}} + \mathbf{u_I} + \mathbf{u_R} && (3.15)
\end{aligned}
$$

Die einzelnen Matrizen korrespondieren mit den im Bild 3.3 enthaltenen Größen. Das $\hat{}$-Symbol kennzeichnet die geschätzten Zustände. Zu den obigen Gleichungen und zu Bild 3.3 gehören noch die folgenden Erläuterungen:

1. Die Matrix **E** und der Vektor **z** beschreiben die Eingriffsmöglichkeiten von eventuell vorhandenen Störungen. Zur näheren Erläuterung siehe Abschnitt B.2.

2. Die Matrix $\mathbf{K_{Mot}}$ enthält die beiden Konstanten K_{1R} und K_{1T}, die die Verstärkung der als Proportionalglied angesehenen Motoren enthalten. (siehe Anhang D.5)

$$\mathbf{K_{Mot}} = \begin{pmatrix} K_{1T} & 0 \\ 0 & K_{1R} \end{pmatrix}$$

3. Die Matrizen $\mathbf{C_I}$ und $\mathbf{C_P}$ haben die folgenden Strukturen:

$$\mathbf{C_I} = \begin{pmatrix} \zeta\mu_1 & 0 & 0 & 0 & 0 \\ 0 & \mu_2 & 0 & 0 & 0 \end{pmatrix} \qquad \mathbf{C_P} = \begin{pmatrix} 0 & 0 & \zeta\mu_1 & 0 & 0 \\ 0 & 0 & 0 & \mu_2 & 0 \end{pmatrix}$$

Beide Matrizen filtern aus den Meßgrößen die für die PI- bzw. P-Regelung notwendigen Zustände heraus. Es erfolgt eine Transformation der Meßgrößen von der Motoreingangsseite auf die Getriebeausgangsseite, so daß die Meßgrößen den Zuständen entsprechen. Die Größen μ_i und ζ bezeichnen die Getriebeübersetzungen bzw. die Spindelsteigung.

4. Die Vektoren $\mathbf{w}$ und $\dot{\mathbf{w}}$ enthalten die Sollwerte und haben folgendes Aussehen:

$$\mathbf{w} = \begin{pmatrix} r_s \\ \phi_s \end{pmatrix} \qquad \dot{\mathbf{w}} = \begin{pmatrix} \dot{r}_s \\ \dot{\phi}_s \end{pmatrix}$$

Die genannten Einzelsysteme in der obigen Beschreibung lassen sich zu einer Gesamtstruktur zusammenfassen, so daß eine an der VOMOSY-Struktur (siehe Anhang B.2) orientierte Beschreibung entsteht. Ausgangspunkt sind die Eingänge der Antriebe des Systems *TELMAN* :

$$\begin{aligned} \mathbf{u_M} &= \mathbf{u_P} + \mathbf{u_I} + \mathbf{u_R} \\ &= -\mathbf{K}(\mathbf{M}\ \mathbf{v} + \mathbf{P}\ \mathbf{C}\ \mathbf{x}) + \mathbf{K_I}\ \mathbf{x_I} + \mathbf{K_{PI}}(\mathbf{w} - \mathbf{C_I}\ \mathbf{C}\ \mathbf{x}) + \mathbf{K_{PP}}(\dot{\mathbf{w}} - \mathbf{C_P}\ \mathbf{C}\ \mathbf{x}) \\ &= \underbrace{-\mathbf{K}\ \mathbf{P}\ \mathbf{C}\ \mathbf{x} + \mathbf{K_I}\ \mathbf{x_I} - \mathbf{K}\ \mathbf{M}\ \mathbf{v}}_{\mathbf{u}^*} + \mathbf{K_{PI}}\ \mathbf{w} - \mathbf{K_{PI}}\ \mathbf{C_I}\ \mathbf{C}\ \mathbf{x} \\ &\qquad + \mathbf{K_{PP}}\ \dot{\mathbf{w}} - \mathbf{K_{PP}}\ \mathbf{C_P}\ \mathbf{C}\ \mathbf{x} \end{aligned}$$

Daraus entsteht die neue Systemgleichung:

$$\begin{aligned} \dot{\mathbf{x}} &= (\mathbf{A} - \mathbf{B}\ \mathbf{K_{Mot}}\ (\mathbf{K_{PI}}\ \mathbf{C_I}\ +\ \mathbf{K_{PP}}\ \mathbf{C_P})\ \mathbf{C})\mathbf{x} + \mathbf{B}\ \mathbf{K_{Mot}}\ \mathbf{u}^* \\ &\quad + \mathbf{B}\ \mathbf{K_{Mot}}\ \mathbf{K_{PI}}\ \mathbf{w} + \mathbf{B}\ \mathbf{K_{Mot}}\ \mathbf{K_{PP}}\ \dot{\mathbf{w}} + \mathbf{E}\ \mathbf{z} \end{aligned} \tag{3.16}$$

Mit neu zusammengestellten Zustands- und Eingangsgrößen

$$\tilde{\mathbf{x}} = \begin{pmatrix} \mathbf{x} \\ \mathbf{x_I} \\ \mathbf{v} \end{pmatrix} \quad \tilde{\mathbf{u}} = \begin{pmatrix} \mathbf{u}^* \\ \mathbf{u_B} \end{pmatrix} \quad \tilde{\mathbf{z}} = \begin{pmatrix} \mathbf{z} \\ \mathbf{w} \\ \dot{\mathbf{w}} \end{pmatrix} \tag{3.17}$$

ergibt sich dann eine neue Systembeschreibung. Der Zustandsvektor enthält jetzt 26 Zustände, wenn man für das System und den Beobachter jeweils 12 Zustände ansetzt, und für die Regler 2 weitere Zustände dazu kommen.

Die Analyse der Eigenwerte veranlaßt an dieser Stelle dazu, die Systemordnung zu reduzieren. In allen vier Betriebsfällen liegt die höchste Eigenfrequenz weit außerhalb der Bandbreite der Stellglieder und kann deshalb kaum beeinflußt werden. Andererseits liegt diese Eigenfrequenz so hoch, daß der erwartete Einfluß dieser Eigenbewegung vernachlässigbar ist. Diese Vernachlässigung konnte durch die späteren Simulationen bestätigt werden. Somit wird für den Reglerentwurf mit einem reduzierten Modell gearbeitet. Diese Modellreduktion führt auf die Zahl 10 als Dimension für den neuen Zustandsvektor. Insgesamt ergibt sich für den Reglerentwurf die Anzahl der Zustände mit 22, die Anzahl der Eingangsgrößen zu 22 und die Anzahl der Störgrößen einschließlich der Sollwerte ergibt sich zu 14.

$$\begin{aligned} \begin{pmatrix} \dot{\mathbf{x}} \\ \dot{\mathbf{x}}_\mathbf{I} \\ \dot{\mathbf{v}} \end{pmatrix} &= \begin{pmatrix} \mathbf{A} - \mathbf{B}\mathbf{K_{Mot}}(\mathbf{K_{PI}}\mathbf{C_I} + \mathbf{K_{PP}}\mathbf{C_P})\mathbf{C} & \mathbf{0} & \mathbf{0} \\ -\mathbf{C_I}\mathbf{C} & \mathbf{0} & \mathbf{0} \\ \mathbf{0} & \mathbf{0} & \mathbf{0} \end{pmatrix} \begin{pmatrix} \mathbf{x} \\ \mathbf{x_I} \\ \mathbf{v} \end{pmatrix} \\ &\quad + \begin{pmatrix} \mathbf{B}\mathbf{K_{Mot}} & \mathbf{0} \\ \mathbf{0} & \mathbf{0} \\ \mathbf{0} & \mathbf{I} \end{pmatrix} \tilde{\mathbf{u}} + \begin{pmatrix} \mathbf{E} & \mathbf{B}\mathbf{K_{Mot}}\mathbf{K_{PI}} & \mathbf{B}\mathbf{K_{Mot}}\mathbf{K_{PP}} \\ \mathbf{0} & \mathbf{I} & \mathbf{0} \\ \mathbf{0} & \mathbf{0} & \mathbf{0} \end{pmatrix} \tilde{\mathbf{z}} \end{aligned} \tag{3.18}$$

Die Rückführungsgleichung sieht wie folgt aus:

$$\tilde{\mathbf{u}} = -\tilde{\mathbf{K}}\ \tilde{\mathbf{x}} \tag{3.19}$$

Die neue Rückführmatrix enthält jetzt alle freien Parameter, mit Ausnahme von $\mathbf{K_{PI}}$ und $\mathbf{K_{PP}}$, in der folgenden Struktur:

$$\tilde{\mathbf{K}} = \begin{pmatrix} \mathbf{KPC} & -\mathbf{K_I} & \mathbf{KM} \\ -\mathbf{LC} & \mathbf{0} & -\mathbf{H} \end{pmatrix} \tag{3.20}$$

Die Matrizen $\mathbf{K_{PI}}$ und $\mathbf{K_{PP}}$ müssen separat ausgelegt werden. Diese Matrizen, die die Proportionalverstärkungen der konventionellen Regler enthalten, bestimmen hauptsächlich die Ansprechgeschwindigkeit des Regelkreises. Die Festlegung der Parameter erfolgt auf der Basis von Simulationen und Tests im praktischen Versuch. Damit liegt die Entwurfsaufgabe fest, es sind die vorgenannten Matrizen $\tilde{\mathbf{K}}$, $\mathbf{K_{PI}}$ und $\mathbf{K_{PP}}$ zu bestimmen.

Man erkennt in Gleichung 3.20 zusätzlich, daß die eigentlich notwendige, getrennte Auslegung des Beobachters in die Reglerauslegung miteinbezogen wurde. Somit kann der Beobachter als eine dynamische Ausgangsrückführung verstanden werden. Es müssen jedoch die folgenden Existenzbedingungen für den Beobachter eingehalten werden [47].

1. Die Matrixgleichung
   $$\mathbf{B} = \mathbf{B}\ \mathbf{R}^+\ \mathbf{C}\ \mathbf{B}$$
   muß erfüllt sein. ($\mathbf{R}^+$ ist die Pseudoinverse von $\mathbf{C}\ \mathbf{B}$)
2. Die nichtbeobachtbaren Untersysteme des zu beobachtenden Systems müssen asymptotisch stabil sein.

Der letztgenannte Punkt ist erfüllt, da das System nach Abschnitt 3.4.2 vollständig beobachtbar ist. Der erstgenannte Punkt hängt nur von den physikalischen Parametern des Systems ab, er kann daher schon vor der Reglerauslegung geprüft werden. Es ergibt sich, daß die genannte Gleichung von allen Betriebsfällen erfüllt wird.

Alle genannten Teile des Systems *TELMAN* und der Regelung lassen sich in einer anderen Zustandsbeschreibung noch leichter überblicken. Dabei wird auch die Verkopplung von System sowie Regler und Beobachter noch deutlicher.

$$\begin{pmatrix} \dot{\mathbf{x}} \\ \dot{\mathbf{x}}_\mathbf{I} \\ \dot{\mathbf{v}} \end{pmatrix} = \begin{pmatrix} \mathbf{A} - \mathbf{BK_{Mot}}(\mathbf{K_{PI}C_I} + \mathbf{K_{PP}C_P} + \mathbf{KP})\mathbf{C} & \mathbf{BK_{Mot}K_I} & -\mathbf{BK_{Mot}KM} \\ -\mathbf{C_IC} & \mathbf{0} & \mathbf{0} \\ \mathbf{LC} & \mathbf{0} & \mathbf{H} \end{pmatrix} \begin{pmatrix} \mathbf{x} \\ \mathbf{x_I} \\ \mathbf{v} \end{pmatrix} + \begin{pmatrix} \mathbf{E} & \mathbf{BK_{Mot}K_{PI}} & \mathbf{BK_{Mot}K_{PP}} \\ \mathbf{0} & \mathbf{I} & \mathbf{0} \\ \mathbf{0} & \mathbf{0} & \mathbf{0} \end{pmatrix} \begin{pmatrix} \mathbf{z} \\ \mathbf{w} \\ \dot{\mathbf{w}} \end{pmatrix} \tag{3.21}$$

Aus dieser Gleichung (3.21) wird noch ein weiterer wichtiger Punkt deutlich. Da die Reglerentwurfsprogramme die Regelungseigenwerte global festlegen, muß beachtet werden, daß im Regler die Summe aller proportionalen Rückführkoeffizienten steht. Deshalb muß zur Trennung von $\mathbf{K_{PI}}$ bzw. $\mathbf{K_{PP}}$ und $\mathbf{K}$ die folgende Rechnung durchgeführt werden:

$$\bar{\mathbf{K}} = \mathbf{K}\ \mathbf{P} - (\mathbf{K_{PI}}\ \mathbf{C_I} + \mathbf{K_{PP}}\ \mathbf{C_P})$$

Die Matrix $\bar{\mathbf{K}}$ ist die resultierende Zustandsrückführmatrix, die schließlich implementiert werden kann.

Grundsätzlich kann die Bestimmung der Rückführmatrix mit allen bekannten Reglerentwurfsverfahren durchgeführt werden. Vor dem Reglerentwurf muß noch die Parametrierung des Modells erfolgen. Der folgende Abschnitt behandelt dieses Thema, bevor der übernächste Abschnitt den eigentlichen Entwurf beschreibt.

3.5.2 Parametrierung des Modells

Grundlage ist das **MDK**-Modell, das in Kapitel 2 abgeleitet wurde. Zur numerischen Berechnung des Modells wurden die technischen Daten des *TELMAN* Laborroboters benutzt. Eine Auflistung und Erläuterung der Parameter findet sich im Anhang D.5.

Mit den im Anhang angegebenen Zahlen kann das **MDK**-Modell vollständig parametriert werden. Auf Grund der Zeitveränderlichkeit der Massenmatrix **M** läßt sich nur für bestimmte Betriebsfälle (BF) die für den Reglerentwurf günstige, zeitinvariante Zustandsgleichung

$$\dot{\mathbf{x}}(t) = \mathbf{A}\ \mathbf{x}(t) + \mathbf{B}\ \mathbf{u}(t) \tag{3.22}$$

angeben. Die Hinführung auf das Multi-Modell Problem erfolgt, wie schon früher erwähnt wurde, durch das Einfrieren von Parametern zu bestimmten Zeitpunkten. Die beiden wesentlichen Parameter, die die Betriebsfälle festlegen, sind die Ausfahrlänge $r(t)$ und die Nutzlast m_l. Damit ergeben sich die in Tabelle 3.2 angegebenen Betriebsfälle. Sie repräsentieren jeweils die extremsten Anforderungen an die Regelung.

Betriebsfall	Ausfahrlänge	Nutzlast
BF1	0.2 m	1 kg
BF2	0.2 m	2 kg
BF3	0.9 m	1 kg
BF4	0.9 m	2 kg

Tabelle 3.2: Betriebsfälle von *TELMAN*

Der Zustandsvektor hat für alle vier Betriebsfälle die gleichen physikalischen Bedeutungen, d.h. $r(t)$ und $\phi(t)$ beschreiben die Starrkörperbewegungen und die $w_i(t)$ beschreiben die elastischen Freiheitsgrade. Damit hat der Zustandsvektor folgendes Aussehen:

$$\mathbf{x}^{\mathsf{T}}(t) = \begin{pmatrix} r(t) & \phi(t) & w_{11}(t) & w_{12}(t) & w_{21}(t) & \dot{r}(t) & \dot{\phi}(t) & \dot{w}_{11}(t) & \dot{w}_{12}(t) & \dot{w}_{21}(t) \end{pmatrix}$$

Der Eingangsvektor $\mathbf{u}(t)$ enthält die Stellgrößen:

$$\mathbf{u}(t) = \begin{pmatrix} F_R \\ M_R \end{pmatrix} = \begin{pmatrix} \text{Translationskraft} \\ \text{Rotationsmoment} \end{pmatrix}$$

Für beide Größen gilt, daß die Einträge in $\mathbf{u}(t)$ jeweils die Ausgänge von Spindel bzw. Getriebe sein müssen. Der eigentliche Systemeingang ist jedoch der Steuereingang der Motoren. Tests der Motoren ergaben, daß diese im Frequenzbereich der Regelung als Proportionalglieder betrachtet werden können. Nähere Angaben hierzu finden sich im Anhang D.2. In den Konstanten der Motoren stecken auch die Faktoren der Getriebe, der Spindel sowie der Verstärkung zwischen Motorsteuerspannung und Drehmomentausgang.

Die vier Systeme des Multi-Modell Problems sind im Anhang A.5 in der angenommenen Parametrierung angegeben.

Zu jeder Zustandsbeschreibung gehört auch eine Ausgangs- bzw. Meßgleichung:

$$\mathbf{y_m}(t) = \mathbf{C}\,\mathbf{x}(t) \tag{3.23}$$

Die Meßgrößen sind

1. Position der Translation
2. Position der Rotation
3. Geschwindigkeit der Translation
4. Geschwindigkeit der Rotation
5. Dehnung des Armes an einer Meßstelle

Die ersten vier Größen sind jeweils Starrkörpermessungen, die jeweils auf der Antriebsseite erfolgen und über Zähler bzw. A/D-Wandler und Tacho in den Rechner geführt werden. Die Dehnung ergibt sich, wie im Anhang D.3.3 gezeigt, aus der zweiten Ableitung der Ansatzfunktionen an der Meßstelle. Somit hat die C-Matrix das folgende Aussehen:

$$\mathbf{C} = \begin{pmatrix} \frac{1}{\zeta\mu_1} & 0 & 0 & 0 & 0 & 0 & 0 & 0 & 0 & 0 \\ 0 & \frac{1}{\mu_2} & 0 & 0 & 0 & 0 & 0 & 0 & 0 & 0 \\ 0 & 0 & 0 & 0 & 0 & \frac{1}{\zeta\mu_1} & 0 & 0 & 0 & 0 \\ 0 & 0 & 0 & 0 & 0 & 0 & \frac{1}{\mu_2} & 0 & 0 & 0 \\ 0 & 0 & 5.1043 & 19.4270 & 0 & 0 & 0 & 0 & 0 & 0 \end{pmatrix}$$

Die C-Matrix ist unabhängig von einem bestimmten Betriebsfall und daher zeitinvariant. Die Einträge in den ersten vier Zeilen der obigen Matrix sind die Getriebeuntersetzungen in dem jeweiligen Meßkanal. In den translatorischen Messungen kommt noch die Spindelsteigung als Faktor hinzu. Da die Meßeinrichtungen nicht direkt die benötigten Zustände messen, sondern auf der Motorachse angebracht sind, und für die Systembeschreibung aber die Bewegung am Getriebeausgang maßgeblich ist, müssen die Meßgrößen vor der Weiterverarbeitung auf die jeweilige Getriebeachse transformiert werden.

3.6 Entwurfsdurchführung

Zur Durchführung des Entwurfs eines robusten Reglers stehen eine Vielzahl verschiedener Verfahren zur Verfügung. Eine gute Übersicht der im deutsch-sprachigen Raum benutzten Methoden findet sich in [77]. Insbesondere finden die im Zustandsraum arbeitenden und auf der sogenannten Multi-Modell Beschreibung basierenden Methoden große Aufmerksamkeit.

Eines der ersten Verfahren, dem diese Modellbeschreibung zu Grunde liegt, stammt von ACKERMANN [3]. Seine „Parameterraumverfahren" genannte Methode liefert eine geometrisch anschauliche Lösung der Entwurfsaufgabe, jedoch erweist sich der Entwurf bei einer großen Anzahl unsicherer Parameter als sehr unübersichtlich. Ein anderes Entwurfsverfahren, das sich wie das vorgenannte auch schon in der Praxis bewährt hat, wurde von KONIGORSKI [41] vorgestellt. Mittels der Verringerung des Wertes einer Straffunktion werden die Regelungseigenwerte in ein vorzugebendes Polgebiet plaziert.

Das weitaus umfassendste Verfahren zum Entwurf von robusten Reglern stammt von ROPPENECKER [65]. Die von ihm gefundene Reglerformel, die alle Entwurfsfreiheitsgrade in analytischer Form enthält, ergibt in Kombination mit der Gütevektoroptimierung nach KREISSELMEIER, STEINHAUSER [45] ein Entwurfsverfahren, das schon viele erfolgreich realisierte Regelungen hervorgebracht hat, z. B. [63], [21]. Die guten Ergebnisse unter praxisnahen Bedingungen, sowie der relativ einfache rechnergestützte Reglerentwurf haben zur Verwendung der von ROPPENECKER „Vollständige modale Synthese" genannten Entwurfsmethodik auch in der vorliegenden Arbeit geführt. Eine genaue Beschreibung der vollständigen modalen Synthese und des hierauf basierenden Entwurfsprogrammes VOMOSY findet sich im Anhang B.2.

Der Entwurfsablauf läßt sich in zwei Schritte unterteilen, die aus der Benutzung des Entwurfsprogrammes VOMOSY resultieren. Zur Benutzung von VOMOSY ist zunächst ein sogenannter Startregler pro Betriebsfall erforderlich, der mit Hilfe von MATLAB-Programmen entworfen wurde. Anschließend erfolgt dann der eigentliche Reglerentwurf mit VOMOSY.

3.6.1 Startreglerentwurf

Die Startregler dienen als Basis für die Robustheitsoptimierung. Jeder Startregler muß für seinen Betriebsfall das zu optimierende System stabilisieren und die Regelungseigenwerte in das vorzugebende, gewünschte Eigenwertgebiet verschieben. Der Startreglerentwurf läßt sich ebenfalls in zwei Schritte zerteilen, da die Koeffizienten für den Beobachter und den Regler getrennt bestimmt werden können.

Als Entwurfsverfahren für den Startregler wurde das RICCATI-Verfahren[1] gewählt, da

[1] Das RICCATI-Verfahren ist ein Reglerentwurfsverfahren, bei dem die Minimierung eines Gütefunktionals (siehe Gl. B.9) für lineare, zeitinvariante Systeme auf die algebraische Matrix-RICCATI-Gleichung führt. Aus der Lösung der RICCATI-Gleichung läßt sich die Reglermatrix berechnen.

verschiedene Autoren darauf hinweisen, daß diese Art von Reglerentwurf schon eine große Robustheit gegenüber Parameteränderungen aufweist (siehe beispielsweise [69]). Die Reglerkoeffizienten $\mathbf{K}$ und $\mathbf{K_I}$ wurden für jeden Betriebsfall mit dem RICCATI-Verfahren so ausgelegt, daß sich jeweils stabile Regelungseigenwerte ergaben und das Übergangsverhalten die vorgegebenen Spezifikationen erreicht. Die letztgenannte Eigenschaft läßt sich durch Variation von $\mathbf{K_{PI}}$, $\mathbf{K_{PP}}$ sowie den RICCATI-Bewertungsmatrizen $\mathbf{Q}$ und $\mathbf{R}$ festlegen (siehe Gleichung B.9). Für den RICCATI-Entwurf wurde ein interaktives MATLAB-Programm verwendet, das im Kern zur Lösung der RICCATI-Gleichung auf die Routine `lqr.m` aus der CONTROL-SYSTEM-TOOLBOX [49] zurückgreift.

Anschließend erfolgt separat der Beobachterentwurf. Auch der Beobachter wird auf der Basis der Stabilität und einer guten Dynamik ausgelegt. Die Festlegung der Beobachtereigenwerte erfolgte unter Beachtung zweier Prämissen. Die Eigenwerte des ohne Beobachter geregelten Systems müssen rechts von den Beobachtereigenwerten liegen und die Beobachtereigenwerte dürfen nicht zu weit in der linken Hälfte der komplexen Ebene liegen, um die Störanfälligkeit des Beobachters klein zu halten. Daneben wurde auf ein gut gedämpftes Einschwingverhalten des Beobachters geachtet. Unter diesen Randbedingungen wurden die Matrizen $\mathbf{H}, \mathbf{P}, \mathbf{L}$ und $\mathbf{M}$ so bestimmt, daß sich nicht zu große Beobachterverstärkungen ergeben. Daneben kann nach [47] die Ausgangsmatrix $\mathbf{M}$ des Beobachters ohne Einschränkung der Allgemeingültigkeit als Einheitsmatrix gewählt werden, was den Entwurf auf die Auslegung von drei Matrizen reduziert. Der Entwurf des Beobachters erfolgte auf der Basis eines modalen Verfahrens nach PORTER, CROSSLEY [62]. Das Programm hierfür wurde auch in MATLAB geschrieben.

Bei der Erstellung der VOMOSY-Matrizen wird aus numerischen Gründen eine sogenannte Vorregelung zum System hinzugefügt [63]. Zu diesem Zweck wird ein Zustandsregler mit sehr kleinen Zufallszahlen bestimmt, der der Eigenvektormatrix des Systems eine bessere Kondition verleiht. Diese Maßnahme ist besonders bei mehrfachen Systemeigenwerten notwendig, weil VOMOSY die Inverse der Eigenvektormatrix auf numerischem Wege bestimmt. Die Vorregelung darf keine gravierende Dynamikveränderung in das System hineintragen. Zusätzlich wird im Rahmen der Vorbereitungen noch eine Transformation des Systems auf Sensorkoordinaten vorgenommen. Diese Transformation hat zum Ziel, daß jeder Systemausgang auch Systemzustand ist.

Abschließend müssen die Matrizen aus Gleichung 3.18 in eine für VOMOSY lesbare Form gebracht werden. VOMOSY verlangt, daß die Matrizen spaltenweise untereinander angeordnet sind. Eine graphische Darstellung des Entwurfsablaufes sowie eine Zusammenstellung der benutzten Programme findet sich im Anhang C.

Der beschriebene Vorbereitungsablauf ist pro Betriebsfall einmal durchzuführen. Hierfür werden bestimmte Auslegungsparameter benötigt, die in zwei Tabellen übersichtsartig dargestellt werden. Für den Reglerentwurf wurden die Bewertungsmatrizen $\mathbf{R}$ (siehe Tabelle 3.3) und $\mathbf{Q}$ (siehe Tabelle 3.4) benutzt. Sie sind das Ergebnis von mehreren Entwürfen und Simulationen. Beim Entwurf wurde auf ein gut gedämpftes Einschwingverhalten sowie auf eine signifikante Steigerung der Dämpfung in den dominanten elastischen Eigenwerten geachtet. Daneben sollten die Reglerkoeffizienten nicht zu groß werden, um

Stellgröße	BF1	BF2	BF3	BF4
Translation	500	500	500	500
Rotation	1	1	1	1

Tabelle 3.3: Diagonalen der Bewertungsmatrizen **R**

die Stellgröße klein zu halten. Die Proportionalzweige der konventionellen Regler wurden mit der Verstärkung Eins vorgegeben. Die errechneten Reglerkoeffizienten finden sich in Tabelle 3.5. Der Beobachterentwurf verlangt die Festlegung der Beobachtereigenwerte. In der Tabelle 3.6 finden sich die gewählten Eigenwerte. Damit ist der Startreglerentwurf abgeschlossen und nach der Übertragung der Daten auf den Großrechner kann mit der Optimierung begonnen werden.

3.6.2 Regleroptimierung mit VOMOSY

Um die Arbeit mit dem Optimierungsprogramm VOMOSY leichter zu gestalten, wurden folgende drei Vereinfachungen vorgenommen:

1. Der Beobachter wurde aus der Optimierung herausgenommen. Wie schon in Abschnitt 3.5.1 erwähnt, besitzt der Beobachter nach KUREK gute Robustheitseigenschaften. Dadurch reduziert sich die Reglerordnung zur Optimierung auf Zwölf. Weitere Gründe für diese Maßnahme sind numerische Probleme von VOMOSY bei Systemen von hoher Ordnung, sowie ein übersichtlicherer Optimierungsablauf.

2. Da die Starrkörperfreiheitsgrade nicht gekoppelt sind, können die Regler für Rotation und Translation auch getrennt entworfen werden. Dadurch kann auf eine Strukturoptimierung verzichtet werden, da der Beobachter, bzw. die Meßgeräte alle Zustände zur Verfügung stellen.

3. Die Translationsbewegung besteht nur aus zwei Betriebsfällen, da der eine Parameter zur Bestimmung der Betriebsfälle die Ausfahrlänge ist. Die beiden Betriebsfälle unterscheiden sich durch die Nutzlast.

Das Resultat dieser Überlegungen ist, daß zunächst der Regler für die Translation entworfen wird. Hier geht es im wesentlichen um Robustheit und um gutes Führungsverhalten. Daneben ist auf Störungsunterdrückung zu achten. Anschließend folgt der Entwurf für die Rotationsbewegung. Neben Robustheit muß bei diesem Regler auf eine ausreichende Unterdrückung der elastischen Bewegungen geachtet werden. Daneben spielt auch das Führungs- und das Störungsverhalten eine Rolle.

Zustand	BF1	BF2	BF3	BF4
1	500	500	500	500
2	50000	50000	50000	50000
3	10000	10000	10000	10000
4	1	1	1	1
5	1	1	1	1
6	10000	10000	10000	10000
7	12500	12500	12500	12500
8	10000	10000	10000	10000
9	1	1	1	1
10	1	1	1	1
11	250	250	250	250
12	100000	100000	100000	100000

Tabelle 3.4: Diagonalen der Bewertungsmatrizen $\mathbf{Q}$

	BF1	BF2	BF3	BF4
K(1,1)	2.0775197	2.2042838	2.0775197	2.2042838
K(2,2)	380.85183	386.46036	389.35912	399.31788
K(2,3)	182.54529	130.31283	277.27250	318.44214
K(2,4)	-755.27689	-881.86742	-1299.3520	-1088.4331
K(2,5)	236.78519	142.83568	-79.778164	-73.826691
K(1,6)	4.989991	5.5530658	4.989991	5.5530658
K(2,7)	150.49021	157.31237	160.87738	173.32752
K(2,8)	8.9523709	2.5680916	12.444281	12.844595
K(2,9)	-42.113445	-59.154115	-101.131645	-120.46418
K(2,10)	-10.520271	-25.334421	-21.917094	-31.995620
K(1,11)	-0.70710678	-0.70710678	-0.70710678	-0.70710678
K(2,12)	-316.22777	-316.22777	-316.22777	-316.22777

Tabelle 3.5: Startregler vor der Optimierung

BF1	BF2	BF3	BF4
-68.528±1168.7i	-55.937±1056.2i	-50.53±1004.0i	-21.30±652.3i
-11.800±485.57i	-7.1006±376.78i	-1.318±162.38i	-0.871±132.0i
-1.3799±166.12i	-0.9042±134.47i	-0.258±71.791i	-0.1411±53.13i
-1.7000±1.7000i	-1.7000±1.7000i	-1.0000±1.7000i	-1.0000±1.7000i
-0.4000±0.4000i	-0.4000±0.4000i	-0.4000±0.4000i	-0.4000±0.4000i

Tabelle 3.6: Beobachtereigenwerte für den Startregler

Zu Beginn der Optimierung müssen die Gütekriterien sowie die erlaubten Eigenwertgebiete für die Regelung festgelegt werden. Für die Regelungseigenwertgebiete wurden Kreisringsektoren vereinbart. Die vorzugebenden Grenzwerte sind Betrag ω und Phase φ der jeweiligen Eigenwerte bzw. Eigenwertpaare, siehe nebenstehendes Bild. Die Gebietsgrenzen wurden so ausgelegt, daß die folgenden Kriterien erfüllt werden:

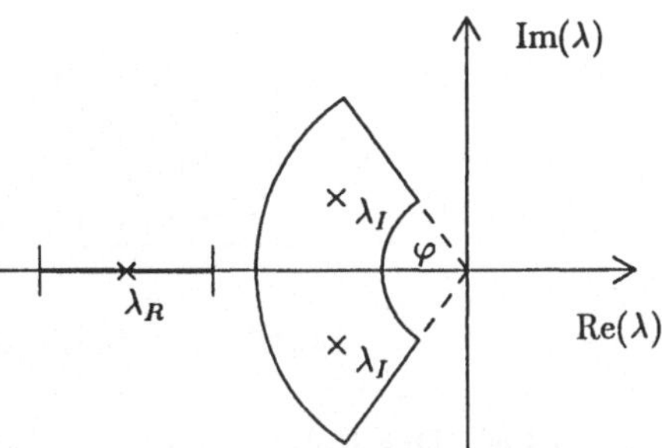

Bild 3.4 : Kreisringsektoren

- Die Eigenwerte der Starrkörperbewegungen sollen ein gut gedämpftes Einschwingverhalten besitzen und die gewünschten Spezifikationen für Position, Geschwindigkeit und Beschleunigung einhalten.
- Die Grenzen lassen der Optimierung genügend Spielraum.
- Der Betrag der elastischen Eigenbewegungen sollte sich nur unwesentlich verändern können.

Da mehrere Betriebsfälle gerechnet werden, gilt automatisch das Robustheitsgütemaß als vereinbart. Daneben wurde das Normgütemaß vereinbart, um eine möglichst kleine Stellgröße zu erhalten. Während das Robustheitsgütemaß als wichtigstes Optimierungsziel deklariert wurde, galt das Normgütemaß als Nebenziel, das etwa 10% des Gewichtes des Robustheitsgütemaßes hatte. Es zeigte sich während der Optimierung, daß das Normgütemaß bei einer verbesserten Robustheit auch verkleinert werden konnte, wenn auch nur sehr wenig. Somit lag der Schwerpunkt der Optimierung auf der Verkleinerung des Robustheitsgütemaßes.

Zur Bewertung des Führungs- und Störungsverhaltens ging das RICCATI-Gütemaß für jeden Betriebsfall in die Optimierung mit ein. Die Bewertungsmatrizen wurden vom Startreglerentwurf übernommen (siehe Tabellen 3.4 und 3.3). Die Optimierung erfolgte auf Störgrößensprünge, wobei auf Grund der besonderen Zustandsbeschreibung für VOMOSY (siehe Gleichung B.10) die Sollwerte des geschlossenen Regelkreises als Störungen interpretiert werden. Die in Tabelle 3.7 angegebenen Werte gelten für alle Betriebsfälle. Bei der Optimierung wurde darauf geachtet, daß sich die RICCATI-Gütemaße nicht verschlechterten.

Die Optimierung wurde interaktiv in mehreren Versuchen mit jeweils mehreren Schritten durchgeführt. Dabei hing es wesentlich von den eigenen Erfahrungen im Umgang mit dem Programm ab, wie gut die Optimierung anlief und zu welchen Ergebnissen sie führte. Das Ergebnis mehrerer Optimierungsversuche ist in Tabelle 3.8 dargestellt.

Die Optimierung wurde mit diesem Ergebnis abgebrochen, da sich unter den oben beschriebenen Voraussetzungen keine weitere Verbesserung des Kreisselmeier-Gütewertes er-

Position	0.7 m	Translation
Geschwindigkeit	0.05 m/s	
Position	3.14 rad	Rotation
Geschwindigkeit	1.0 rad/s	

Tabelle 3.7: Sollwerte als Störgrößen für VOMOSY

reichen ließ. Das Robustheitsgütemaß für die Rotationsbewegung konnte von $9 \cdot 10^5$ auf $5 \cdot 10^3$ gedrückt werden. In der Translationsbewegung ließ sich das Robustheitsgütemaß von $2 \cdot 10^{-1}$ auf $5 \cdot 10^{-3}$ senken. Das Normgütemaß ließ sich jeweils nur unwesentlich verbessern. In der Translationsbewegung sank es vom Wert 33 auf den Wert 19 während es sich in der Rotationsbewegung von $8 \cdot 10^6$ auf $7 \cdot 10^6$ verkleinern ließ. Das RICCATI-Gütemaß blieb unverändert. Die Reglerkoeffizienten unterscheiden sich in einigen Einträgen noch stark. Die meisten Koeffizienten liegen jedoch sehr nahe beieinander. Eine Überprüfung der Eigenwerte und begleitende Simulationen, die die verschiedenen Regler mit den verschiedenen Betriebsfällen testen, ergab eindeutig, daß der Regler aus Betriebsfall vier am besten als robuster Regler einsetzbar ist. Er wird im weiteren Verlauf als Referenzregler bezeichnet.

Die Simulationsergebnisse mit dem Referenzregler finden sich im nachfolgenden Kapitel 4. Die Eigenwerte für alle Betriebsfälle mit dem robusten Referenzregler finden sich in Tabelle 3.9.

	BF1	BF2	BF3	BF4
K(1,1)	1.10017	1.07321	1.10017	1.07321
K(2,2)	380.908	386.545	389.441	399.344
K(2,3)	217.340	196.37	268.62	326.47
K(2,4)	-1017.2	-1103.9	-826.77	-598.97
K(2,5)	-80.1070	-79.7658	-82.560	-77.4191
K(1,6)	4.21369	4.25933	4.21369	4.25933
K(2,7)	150.490	157.325	160.890	173.331
K(2,8)	8.89157	2.49813	12.6045	12.8499
K(2,9)	-45.6942	-59.9571	-91.8836	-119.881
K(2,10)	-10.8639	-25.4221	-21.9939	-32.0013
K(1,11)	-0.416226	-0.393877	-0.416226	-0.393877
K(2,12)	-316.296	-316.317	-316.312	-316.288

Tabelle 3.8: Regler nach der Optimierung

BF1	BF2	BF3	BF4
-1.5946	-1.00000	-1.5946	-1.00000
-0.22194±0.21559	-0.23454±0.23454	-0.22194±0.21559	-0.23454±0.23454
-10.074	-7.9699	-7.0743	-4.5618
-1.3399±0.70869i	-1.3976 ±0.70607i	-1.4340 ±0.70363i	-1.6285 ±0.68018i
-4.5367 ±193.89i	-4.2898 ±164.50i	-1.5081 ±90.074i	-1.5782 ±136.02i
-11.865 ±495.96i	-7.6130 ±394.77i	-2.3433 ±169.38i	-2.4427 ±74.924i
-72.330 ±1209.6i	-60.801±1108.0i	-55.179 ±1047.6i	-21.901 ±661.25i

Tabelle 3.9: Eigenwerte der vier Betriebsfälle mit dem robusten Regler

3.7 Reglerrealisierung

Da der Regler im kontinuierlichen Zeitbereich entworfen wurde und mit einem Prozeßrechner realisiert werden soll, muß vor der Implementation eine Diskretisierung des Reglers durchgeführt werden. In [26] werden hierzu eine Reihe von Verfahren angegeben, von denen sich die für die Versuche mit *TELMAN* gewählte Methode der sprunginvarianten Diskretisierung schon im praktischen Versuch bewährt hat [21].

Die wesentliche Voraussetzung zur Diskretisierung ist die Wahl einer geeigneten Abtastzeit. Hierbei muß ein Kompromiß zwischen einer genügend hohen Abtastfrequenz und den maximalen technischen Leistungen des Prozeßrechners einschließlich seiner Peripherie gefunden werden. Die minimale Abtastfrequenz wird durch das bekannte SHANNON'sche Abtasttheorem vorgegeben, nachdem die Abtastfrequenz mindestens doppelt so groß sein muß, wie die höchste in der Regelung berücksichtigte Eigenfrequenz des Systems. Auf der anderen Seite muß die Berechnungsdauer des Regelungsalgorithmus einschließlich aller Zeitverzögerungen im Rechner (z. B. durch Wandler, Zähler, Dispatcher) innerhalb einer Abtastperiode abgeschlossen sein. Daneben sollte die Zeit zwischen dem Einlesen der Meßsignale und der Ausgabe der Stellgröße so klein wie möglich bleiben, um dem theoretischen Anspruch einer gleichzeitigen Ein- bzw. Ausgabe möglichst nahe zu kommen. Hierzu ist eine Umsortierung und Vorausberechnung der verschiedenen Algorithmusteile nötig. Daneben muß auf eine Rechenzeit minimierende Programmierung geachtet werden. Neben den rechnerabhängigen Parametern zur Wahl der Abtastzeit darf die Bandbreite der Stellglieder nicht unberücksichtigt bleiben.

Für die Versuche mit dem *TELMAN* Laborroboter wurde die Abtastfrequenz auf 200 Hz festgelegt. Damit darf die höchste Eigenfrequenz des Roboters, die im Regler enthalten ist, bei ca. 100 Hz liegen. Alle höheren Frequenzen wurden, um Spill-over Effekte zu vermeiden, durch Tiefpaßfilter in den Ein- und Ausgängen des Rechners unterdrückt.

Die eigentliche Diskretisierung erfordert zunächst die Beschreibung des Reglers als ein eigenständiges dynamisches System in Zustandsform. Die Zustände dieses Systems sind die Beobachter- und die Integratorzustände. Als Eingangsgrößen lassen sich die Messungen und die Sollwerte identifizieren, während sich die Stellgrößen als Ausgangsgrößen dieses dynamischen Systems auffassen lassen. Die Reglerbeschreibung sieht dann wie folgt aus:

$$\begin{pmatrix} \dot{\mathbf{v}} \\ \dot{\mathbf{x}}_\mathbf{I} \end{pmatrix} = \begin{pmatrix} \mathbf{H} & \mathbf{0} \\ \mathbf{0} & \mathbf{0} \end{pmatrix} \begin{pmatrix} \mathbf{v} \\ \mathbf{x}_\mathbf{I} \end{pmatrix} + \begin{pmatrix} \mathbf{L} & \mathbf{0} \\ -\mathbf{C}_\mathbf{I} & \mathbf{I} \end{pmatrix} \begin{pmatrix} \mathbf{y}_\mathbf{m} \\ \mathbf{w} \end{pmatrix} \tag{3.24}$$

$$\mathbf{u}_\mathbf{M} = \begin{pmatrix} -\mathbf{KM} & \mathbf{K}_\mathbf{I} \end{pmatrix} \begin{pmatrix} \mathbf{v} \\ \mathbf{x}_\mathbf{I} \end{pmatrix} + \begin{pmatrix} -(\mathbf{K}_\mathbf{PI}\mathbf{C}_\mathbf{I} + \mathbf{K}_\mathbf{PP}\mathbf{C}_\mathbf{P} + \mathbf{KP}) & \mathbf{K}_\mathbf{PI} & \mathbf{K}_\mathbf{PP} \end{pmatrix} \begin{pmatrix} \mathbf{y}_\mathbf{m} \\ \mathbf{w} \\ \dot{\mathbf{w}} \end{pmatrix} \tag{3.25}$$

Nur die erste Gleichung, die die Reglerdynamik beschreibt, muß in die Diskretisierung miteinbezogen werden.

Der Vollständigkeit halber sollen nachfolgend noch die bekannten Gleichungen zur Diskretisierung nach der Sprunginvarianz Methode angegeben werden, wobei der Index 'D' auf die diskretisierte Matrix hinweist, und die Matrix $\Phi(T)$ die Transitionsmatrix darstellt.

$$\begin{aligned} \mathbf{A}_D &= e^{\mathbf{A}T} = \mathbf{\Phi}(T) \\ \mathbf{B}_D &= \int_0^T e^{\mathbf{A}\tau}\, d\tau\, \mathbf{B} \\ \mathbf{C}_D &= \mathbf{C} \\ \mathbf{D}_D &= \mathbf{D} \end{aligned}$$

Die numerischen Berechnungen wurden mit dem Programm `c2d.m` aus der CONTROL-SYSTEM-TOOLBOX von MATLAB durchgeführt.

Kapitel 4

Versuchsergebnisse

Die Verifikation des entwickelten Regelkreises einschließlich aller seiner Komponenten kann nur unter praktischen Bedingungen im Versuch erfolgen. Zu diesem Zweck wurde auch der in dieser Arbeit vorgestellte Versuchsroboter *TELMAN* konzipiert und gebaut. Die Versuchszielsetzung hatte ihre Schwerpunkte in den Bereichen

- Entwicklung, Fertigung und Test eines translatorischen Robotersegmentes bestehend aus Gelenkstruktur und Antrieb.
- Entwicklung, Fertigung und Test der Leichtbaustruktur für beide Rohre unter der Prämisse, möglichst steife und leichte Rohre zu bauen.
- Konzeption und Test der Regelungshard- und Software.

Die Eignungsprüfung der Regler zur aktiven Dämpfung hätte mit dem im Projekt *TELMAN* entwickelten Gerät nur unter Weltraumbedingungen stattfinden können, da die Nutzlasten für die Tests unter Erdschwere sehr klein bleiben müssen. Anderenfalls würde die Festigkeitsgrenze für die CFK-Rohre überschritten. Erst unter μ-g Bedingungen sind ausreichend große, jetzt dynamische Lasten möglich, um signifikant große und deutlich meßbare Strukturschwingungen zu erzeugen. Somit mußte das in dieser Arbeit vorgestellte Regelungskonzept in vergleichenden Simulationen getestet werden, da an eine Weltraumerprobung in dem jetzigen Entwicklungsstadium von *TELMAN* nicht zu denken ist.

Die in diesem Kapitel dokumentierten Tests des robusten Reglers wurden daher in Simulationen mit dem schon in Kapitel 2 benutzten Simulationsprogramm (siehe Anhang C.2) erstellt. Das in dieser Arbeit entwickelte Modell wurde hierzu mit dem in Kapitel 3 entwickelten Regler in einen geschloßenen Regelkreis integriert und unter verschiedenen Betriebsbedingungen getestet, sowie mit konventionellen Reglern verglichen.

Um eine möglichst übersichtliche Darstellung der Versuchsergebnisse zu erzielen, folgt zunächst eine Tabelle mit einer Kurzdarstellung der einzelnen Simulationen sowie der dazugehörigen Bildernummern und Seitenzahlen. Jede Simulation besteht, wie schon bei der Untersuchung des Modells, aus den Starrkörperbewegungen und den elastischen Bewegungen. Für die Bedeutung der einzelnen Meßpunkte in den elastischen Bewegungen sei auf das Bild 2.4 verwiesen.

Nr.	Testkurzbeschreibung	Bildnummer		auf Seite	
		Starrk.	elast.B.	Starrk.	elast.B.
1.	Robuster Regler für Translation, alle Betriebsfälle - Sprungantwort -	4.1	—	61	—
2.	Robuster Regler für Rotation, alle Betriebsfälle - Sprungantwort -	4.2	4.3	62	63
3.	Vergleich robuster Regler und P-Regler für Rotation, Betriebsfall 4 - Sprungantwort -	4.4	4.5	65	66
4.	Robuster Regler für Rotation bei gleichzeitiger Translation BF1 ⇒ BF3, BF3 ⇒ BF1 BF2 ⇒ BF4, BF4 ⇒ BF2 - Sprungantwort -	4.6	4.7	67	68
5.	Robuster Regler für Rotation, alle Betriebsfälle - Rampenantwort -	4.8	4.9	71	72
6.	Vergleich robuster Regler und P-Regler für Rotation, Betriebsfall 4 - Rampenantwort -	4.10	4.11	73	74
7.	Vergleich robuster Regler und P-Regler für Rotation, Betriebsfall 4 - Sinus^{2}antwort -	4.12	4.13	75	76

Tabelle 4.1: Übersichtstabelle Reglersimulationen

Ziel dieser aufgelisteten Simulationen und Bilder ist es, den Nachweis zu führen, daß das in dieser Arbeit entwickelte Regelungskonzept in der Lage ist, den Roboter mit einem translatorischen und einem rotatorischen Gelenk hinreichend genau zu positionieren. Der zweite und wichtigere Aspekt besteht darin, zu zeigen, daß dieses Regelkonzept elastische Schwingungen der Armstruktur dämpft, bzw. gar nicht erst anregt. Das dritte Ziel des robusten Reglerkonzeptes war die zufriedenstellende Arbeitsweise unter verschiedenen

Betriebsbedingungen. Unter diesem Aspekt soll gezeigt werden, daß auch die zeitveränderliche Struktur des Roboters, die durch die veränderliche Länge repräsentiert wird, kein Problem für das in dieser Arbeit entwickelte robuste Regelungskonzept ist.

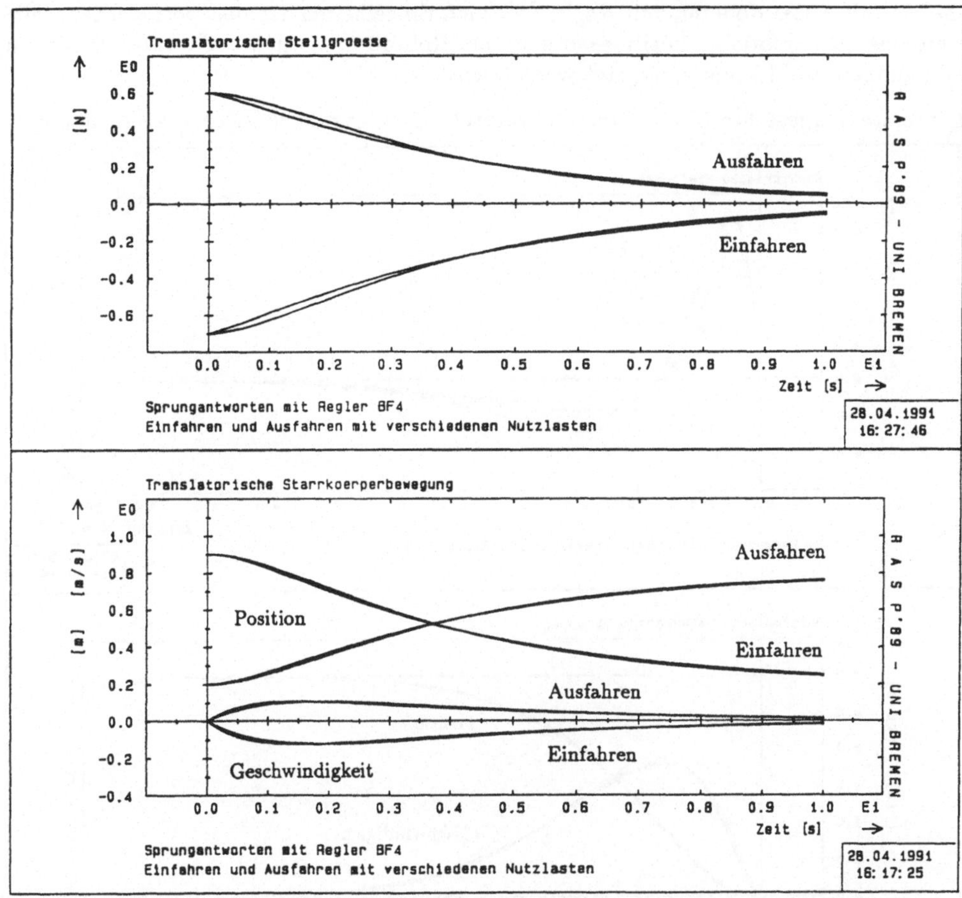

Bild 4.1: Simulation der Translationsbewegung mit robustem Regler

Zu Beginn soll die Translationsbewegung kurz dargestellt werden. Als reine Starrkörperbewegung enthält sie keine Besonderheiten. Das Bild 4.1 zeigt für die zwei verschiedenen Betriebsfälle jeweils das Ein- und Ausfahrverhalten (Position und Geschwindigkeit) sowie die Verläufe der Stellgröße mit dem robusten Regler. Der Regler wurde robust gegenüber der Nutzlast entworfen, dadurch zeigt sich der Unterschied im Bewegungsverhalten auch nur in der Stellgröße, die für eine größere Nutzlast auch einen höheren Maximalwert annimmt.

Die wesentlich interessanteren Simulationen beziehen sich auf die Rotationsbewegung. Eine sprungförmige Änderung am Positionseingang ist die schwerwiegendste Anregung des Systems, bei dem die meisten, insbesondere die niedrigeren Eigenfrequenzen im System angesprochen werden können. Da mit zunehmender Eigenfrequenz auch die zugehörige Materialdämpfung (siehe Bild 3.2) ansteigt, zielt die Sprungantwort besonders auf die am wenigsten gedämpften Eigenfrequenzen. Mit Hilfe der Sprungantwort kann das dynamische Verhalten des Roboters mit Regler in seinen Einzelheiten demonstriert werden, selbst wenn eine sprungförmige Positionsvorgabe bei Robotern, speziell auch unter Weltraumbedingungen, wohl kaum eingesetzt werden wird.

Die erste vorgestellte Simulation des rotatorischen Systemverhaltens zeigt daher die

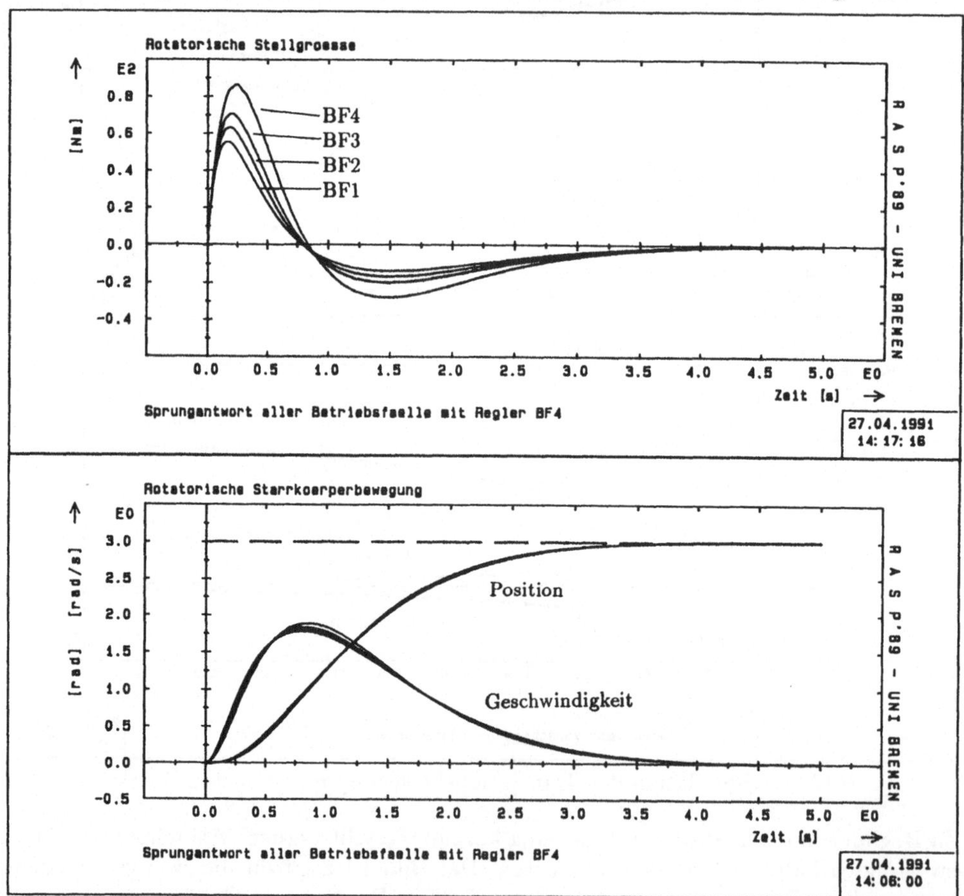

Bild 4.2: Simulation der Rotationsbewegung, robuster Regler, Sprungantwort, alle Betriebsfälle, Starrkörperbewegungen

Sprungantworten für alle Betriebsfälle. Die Armlänge wurde jeweils konstant gehalten. Das Bild 4.2 zeigt die fast deckungsgleichen zeitlichen Übergänge für die Position und Geschwindigkeit sowie das für die veschiedenen BF's unterschiedliche Stellsignal. Erst der Verlauf des Stellsignales offenbart eindeutig, daß verschiedene Betriebsfälle simuliert wurden. Der ausgefahrene Arm (größte Trägheit) mit 2 kg Nutzlast (BF4) benötigt das

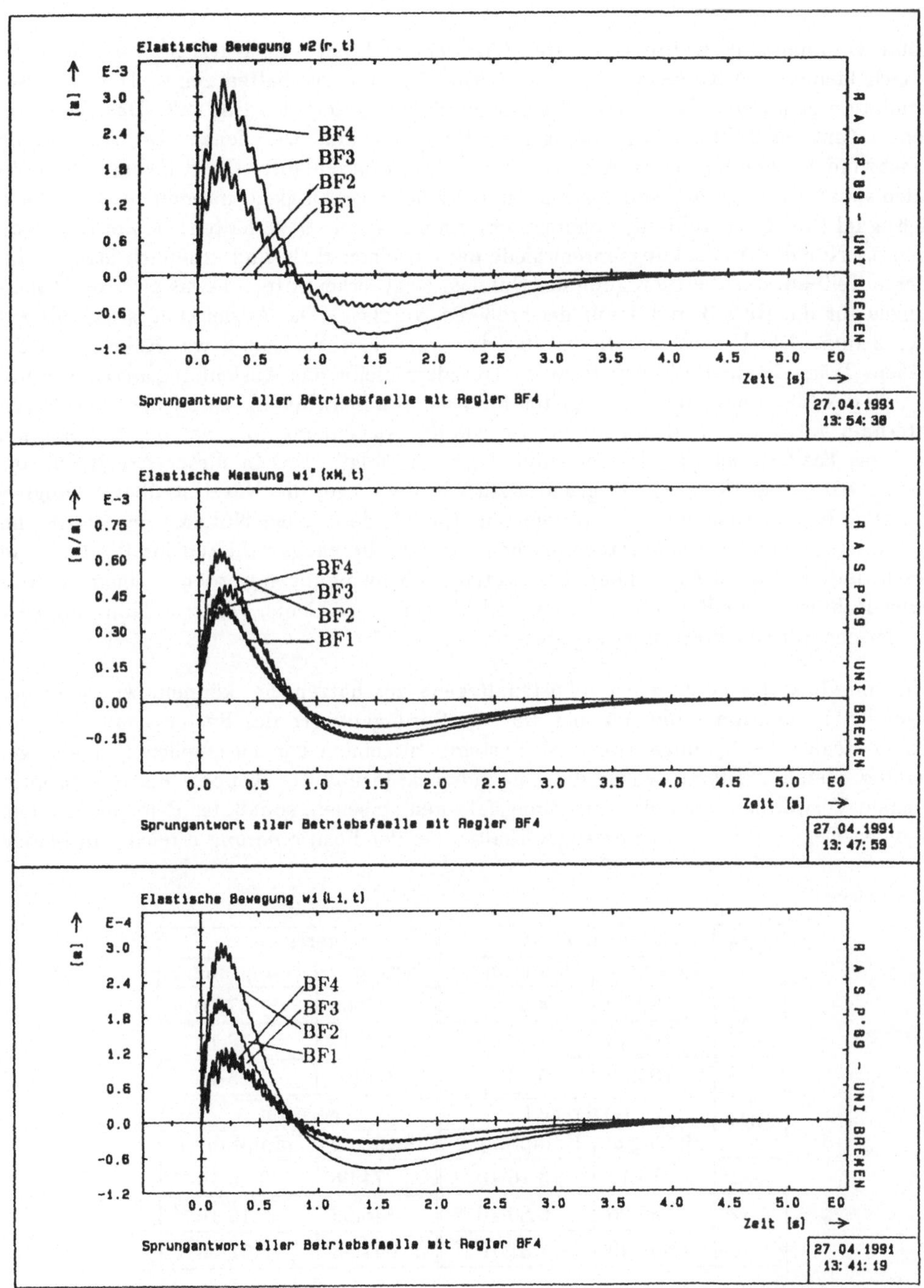

Bild 4.3: Simulation der Rotationsbewegung, robuster Regler, Sprungantwort, alle Betriebsfälle, elastische Bewegungen

größte Drehmoment, während der BF1 (Arm eingefahren, 1 kg Nutzlast) mit einem erheblich kleineren Antriebsmoment das gleiche Positionierverhalten zeigt. Die zu dieser Simulation gehörigen elastischen Bewegungen dokumentiert das Bild 4.3. Das Ende von Rohr 1 (unteres Teilbild) wird weniger als 1 mm maximal ausgelenkt. Die Auslenkung verschwindet lange bevor der Arm in seine Endposition einläuft. Die Schwingungsamplituden sind äußerst gering, sodaß sie fast in der Zeichengenauigkeit untergehen. Das DMS-Meßsignal (mittleres Teilbild) dokumentiert ein gleichartiges Verhalten wie am Ende von Rohr 1. Nur die Auslenkungsunterschiede der einzelnen BF's sind erheblich kleiner. Im oberen Teilbild, das die Bewegung der Nutzlast zeigt, erkennt man etwas größere Auslenkungen für die BF's 3 und 4 mit der größeren Nutzlast. Die Auslenkung steigt bis auf etwa 3 mm. Die Ursache hierfür ist die etwas weichere Auslegung von Rohr 2 und die größere Trägheit am Ende von Rohr 2. Trotzdem bleibt das Auslenkungsmaximum unterhalb des Maximums des ungeregelten Modells. Die Schwingungsamplituden verbleiben unterhalb von 1 mm und klingen ebenso wie die Auslenkung weit vor der Endposition ab. Das Fazit dieser Simulation lautet daher wie folgt. Das in dieser Arbeit entworfene robuste Reglerkonzept ist grundsätzlich in der Lage, die Nutzlast überschwingfrei und ohne Regelabweichung zu positionieren. Eine Änderung der Nutzlast um 100 % und eine unterschiedliche Ausfahrlänge machen sich im Übergangsverhalten für Position und Geschwindigkeit nicht bemerkbar. Die elastischen Schwingungen werden in einem vertretbaren Rahmen (mm Bereich) gehalten und klingen trotz kleiner Materialdämpfung weit vor der endgültigen Positionierung ab.

Um die Güte des gefundenen robusten Reglers abschätzen zu können, wurde in der folgenden Simulation (Bild 4.4 und 4.5) die Sprungantwort des Systems mit dem robusten Regler der Sprungantwort des Systems mit einem konventionellen P-Regler gegenüber gestellt. Hierzu wurde die Zustandsrückführung abgekoppelt und die proportionalen Vorwärtszweige mit Verstärkungsfaktoren versehen, sodaß der P-Regler ein dem robusten Regler ähnliches Übergangsverhalten bei der Positionierung erreicht. In beiden

BF3	ungeregelt		geregelt	
	Betrag ω	Dämpfung ζ	Betrag ω	Dämpfung ζ
1	90.20	$4.51 \cdot 10^{-3}$	90.09	$1.67 \cdot 10^{-2}$
2	169.45	$8.47 \cdot 10^{-3}$	169.40	$1.38 \cdot 10^{-2}$
3	1049.9	$5.25 \cdot 10^{-2}$	1049.1	$5.26 \cdot 10^{-2}$
BF4	**ungeregelt**		**geregelt**	
	Betrag ω	Dämpfung ζ	Betrag ω	Dämpfung ζ
1	75.12	$3.76 \cdot 10^{-3}$	74.96	$3.26 \cdot 10^{-2}$
2	136.06	$6.80 \cdot 10^{-3}$	136.03	$1.16 \cdot 10^{-2}$
3	661.49	$3.31 \cdot 10^{-2}$	661.33	$3.31 \cdot 10^{-2}$

Tabelle 4.2: Vergleich der Dämpfungen mit dem robusten Regler

Fällen wurde der BF4 verwendet. Der große Unterschied zeigt sich schon im Geschwindigkeitssignal des mit dem P-Regler versehenen Kreises. Hier zeigt sich die Kopplung zwischen Starrkörper- und elastischen Bewegungen sehr deutlich. Das gleiche Signal verläuft für den robusten Regelkreis „glatt". Noch deutlicher zeigen sich die Unterschiede in den elastischen Bewegungen (Bild 4.5). Neben der im konventionellen Regelkreis erheblich größeren mittleren Auslenkung sind auch die Schwingungsamplituden deutlich größer im Vergleich zum Schwingungsverlauf mit dem robusten Regler. Die Schwingungsamplitude erreicht fast 1.5 cm, während sie mit dem robusten Regler im mm Bereich verbleibt. Somit kann festgestellt werden, daß das robuste Regelungskonzept eine Verbesserung gegenüber der konventionellen Regelung erreicht. Die Materialbeanspruchung durch die Vibrationen konnte erheblich verringert werden. Die Folgerung hieraus ist die Tatsache, daß eine zusätzliche Dämpfung durch den robusten Regler in das System eingefügt wurde.

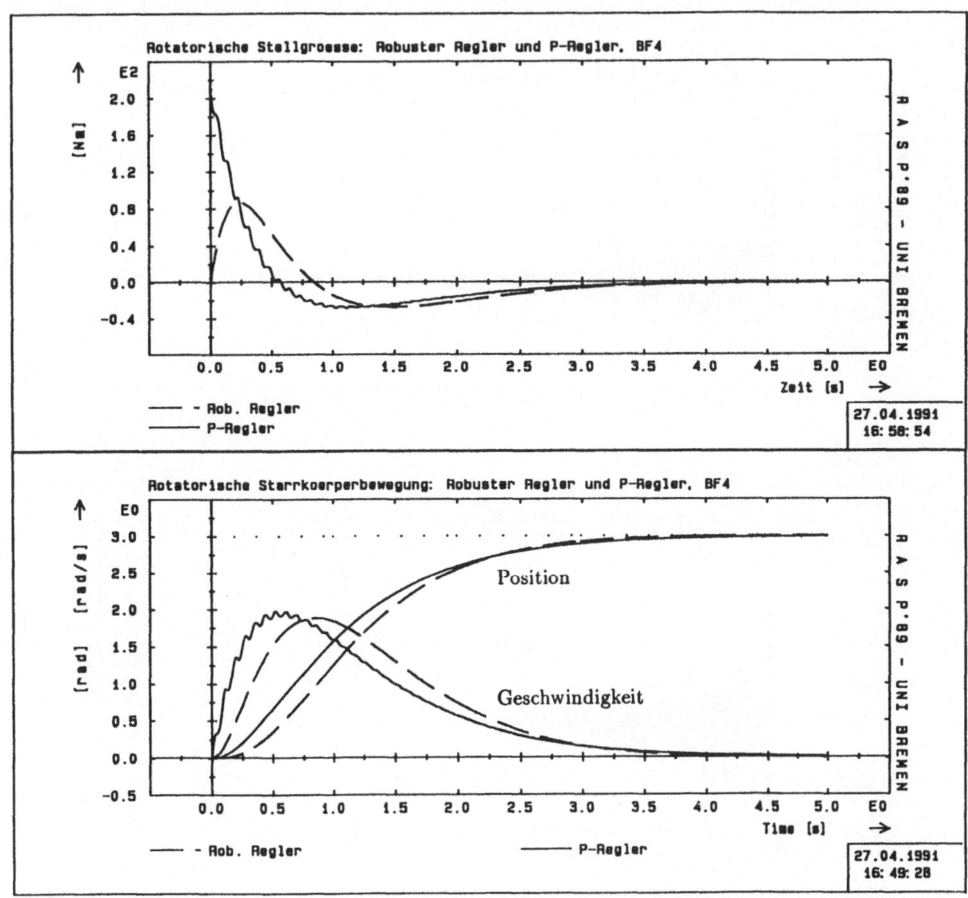

Bild 4.4: Simulation der Rotationsbewegung, Vergleich robuster Regler mit P-Regler, Sprungantwort, BF4, Starrkörperbewegungen

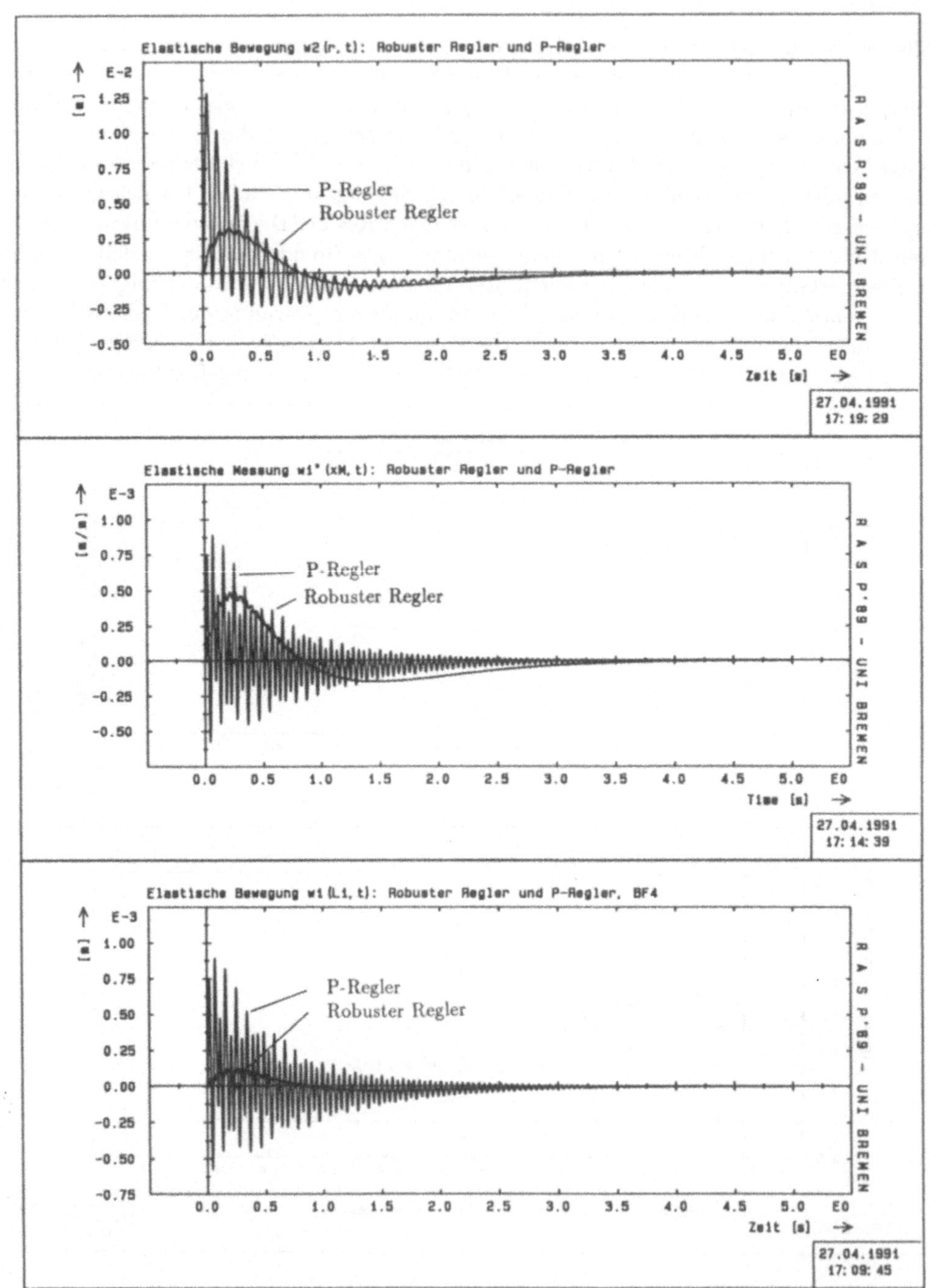

Bild 4.5: Simulation der Rotationsbewegung, Vergleich robuster Regler mit P-Regler, Sprungantwort, BF4, elastische Bewegungen

Dieser Sachverhalt läßt sich auch durch einen Vergleich der Beträge der Eigenwerte und deren Dämpfung beim ungeregelten und beim geregelten Roboter verdeutlichen. Die Tabelle 4.2 stellt am Beispiel von BF3 und BF4 diese Werte einander gegenüber. Für die dominanten unteren elastischen Eigenfrequenzen ist der Betrag der Dämpfung angestiegen, während die Eigenfrequenzen im wesentlichen beibehalten wurden. In der untersten Eigenfrequenz stieg die Dämpfung im Einzelfall fast um den Faktor Zehn auf einen Wert, der zwar noch wesentlich kleiner ist als der im Abschnitt 3.3 als ideale Dämpfung erkannte Wert von 0.7, jedoch zeigen die Simulationen, daß in Zusammenarbeit mit gut gedämpften Starrkörpereigenwerten diese Erhöhung der Dämpfung schon ausreichen kann, um ein gutes Übergangsverhalten zu erzeugen. Außerdem zeigt sich, daß der robuste Regler auch für die anderen Betriebsfälle die gewünschte Wirkung zeigt. Daneben läßt die Tabelle erkennen, daß die auch im Abschnitt 3.3 formulierte Entwurfsanforderung „Beibehaltung der Eigenfrequenzen“ ebenfalls erfüllt wurde.

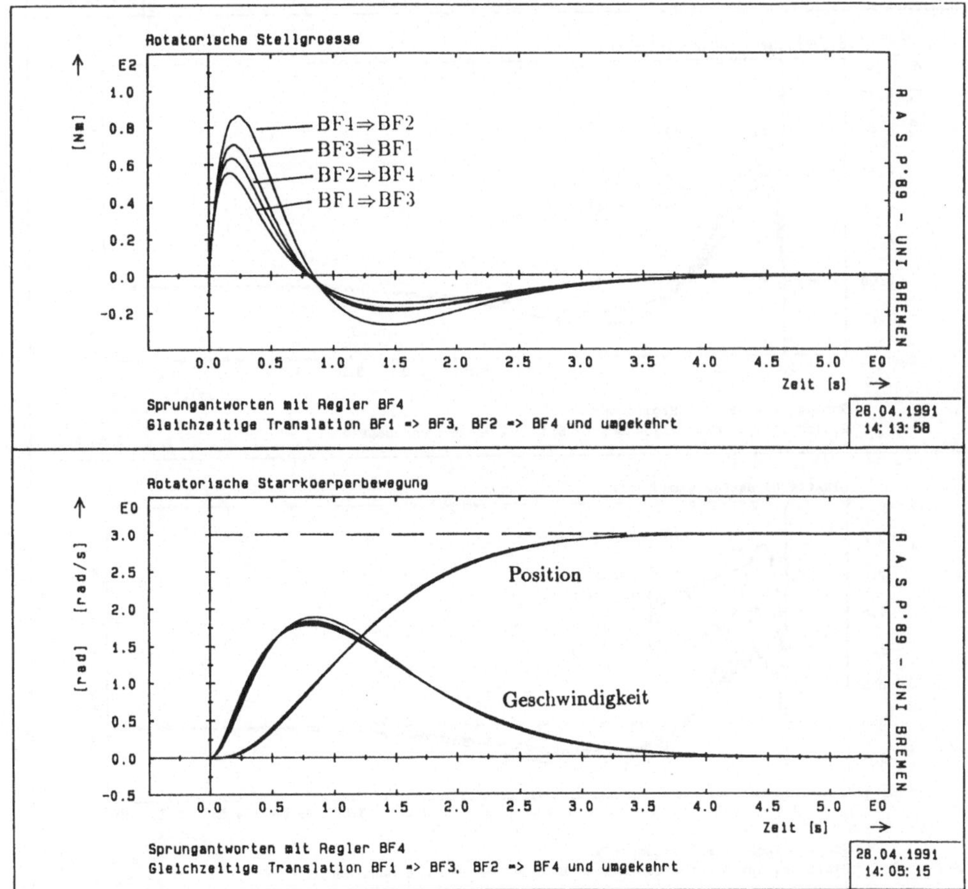

Bild 4.6: Simulation der Rotationsbewegung bei gleichzeitiger Translation, robuster Regler, Sprungantwort, alle Betriebsfälle, Starrkörperbewegungen

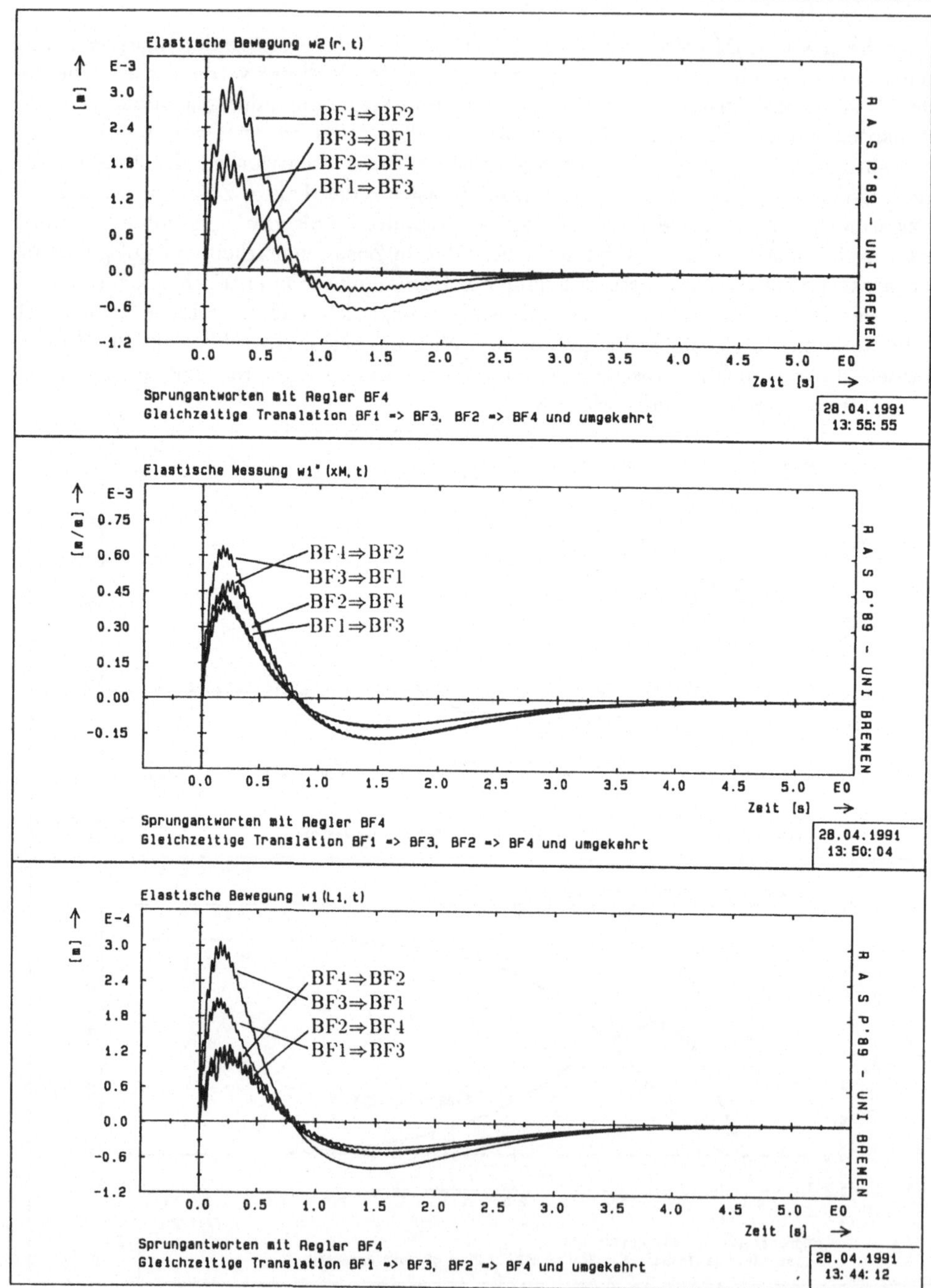

Bild 4.7: Simulation der Rotationsbewegung bei gleichzeitiger Translation, robuster Regler, Sprungantwort, alle Betriebsfälle, elastische Bewegungen

Eine weitere Anforderung an den Regler, die besonders auf dessen Robustheitseigenschaften gegenüber Parameteränderungen zielt, war die Verwendung des konstanten Reglers für ein zeitveränderliches System. Hierzu wurden in den Bildern 4.6 und 4.7 die Rotationsbewegung simuliert, während simultan zur Drehbewegung auch die Armlänge verändert wurde. Die vier Kurven zeigen jeweils den Übergang von BF1 auf BF3 und umgekehrt bzw. BF2 auf BF4 und umgekehrt. Die Ausfahrlänge wird im Simulationszeitraum von 5 s von ganz eingefahren auf ganz ausgefahren variiert. Dies ist erheblich schneller als spezifiziert, jedoch ist ein Unterschied zu den Bildern 4.2 und 4.3 mit den Sprungantworten bei konstanter Länge nicht feststellbar. Die elastischen Bewegungen besitzen jetzt eine so große (aktive) Dämpfung, daß eine Vergrößerung der Amplitude und der Auslenkung trotz Ausfahrbewegung nicht mehr sichtbar wird. Die Starrkörperbewegungen sind kaum unterscheidbar in ihren Verläufen, lediglich im Stellsignal wird der Unterschied deutlich. Diese Simulation läßt daher den Schluß zu, daß der entworfene robuste Regler auch mit der Zeitveränderlichkeit der Regelstrecke fertig wird. Darüber hinaus ist eine Differenz zu den Sprungantworten mit fester Armlänge nicht feststellbar, sodaß der gefundene Regler durchaus als robust gegenüber der kontinuierlichen Veränderung der Eigenfrequenzen des elastischen Roboters bezeichnet werden kann.

Eingangs dieses Kapitels wurde schon erwähnt, daß eine Sprungantwort eine sehr extreme Anforderung an einen Roboter ist, die in der Praxis kaum benutzt wird. Wesentlich wichtiger sind Bahnvorgaben, bei denen Position, Geschwindigkeit und Beschleunigung vorgegeben werden. In dieser Arbeit sollte vor allem die aktive Dämpfung von elastischen Schwingungen untersucht werden. Daher soll in drei abschließenden Simulationen das Schwingungsverhalten bei zwei verschiedenen Bahnvorgaben untersucht werden. Zuerst wird eine rampenförmige Bahn für alle BF's erprobt. Die letzten beiden Simulationen zeigen jeweils einen Vergleich von robustem und P-Regler bei einer rampenförmigen und einer Sinus^2-förmigen Bahnvorgabe. Die Sollwerte für Position und Geschwindigkeit wurden jeweils gestrichelt geplottet. Die Parameter für die Rampenfunktion sind die Drehgeschwindigkeit und der Zeitpunkt des Erreichens der Endposition. Bei der Sinus^2-Funktion müssen die maximale Geschwindigkeit sowie der Endzeitpunkt vorgegeben werden.

Die Gründe für die Auswahl dieser beiden Vorgabefunktionen liegt in deren sehr viel praxisnäherem Verlauf. Neben anderen Funktionen, wie beispielsweise Spline-Funktionen, findet die Rampenfunktion und die Sinus^2-Funktion häufig Anwendung in der Robotertechnik. Hierbei stellt die Rampenfunktion eine höhere Anforderung an das Gerät, da in der Beschleunigung zwei Unstetigkeitsstellen enthalten sind, die für eine Anregung von Schwingungen verantwortlich sein können. Die Sinus^2-Funktion vermeidet, wie auch die Spline-Polynome der Ordnung größer zwei, diesen Nachteil. Der Beschleunigungsverlauf ist „ruckfrei". Bei der Sinus^2-Funktion muß nur vermieden werden, daß dessen Eigenfrequenz mit einer Eigenfrequenz des Roboters zusammenfällt, sodaß eine Resonanz entstehen könnte. Die Vorgabe von Bahnen ohne Unstetigkeitsstellen kann, wie im Abschnitt 3.3 schon angedeutet, als passive Dämpfungsmaßnahme verstanden werden. Eine „ruckfreie" Bahn besitzt ein wesentlich kleineres Frequenzspektrum, sodaß die Entstehung von Schwingungen durch die Bahnvorgabe weitgehend unterdrückt wird.

Die Bahnvorgaben in dieser Arbeit beschränken sich auf Position und Geschwindigkeit. Sie wurden ohne Rücksicht auf den Roboter ausgelegt, sodaß mit sogenannten Schleppfehlern gerechnet werden muß. Für die komplizierte und aufwendige Aufgabe der Bahnplanung von elastischen Robotern sei auf [19] oder [22] verwiesen. In beiden Arbeiten wird gezeigt, wie mit Hilfe von Feedforward-Steuerungen schon ein Großteil der Schwingungsneigung eines elastischen Roboters unterbunden werden kann. Die zweitgenannte Arbeit zeigt außerdem, daß auf eine zusätzliche aktive Dämpfung im eigentlichen Regelkreis nicht verzichtet werden kann.

Ziel dieser Arbeit war es nicht, geeignete Bahnen festzulegen, denen der Roboter auch folgen kann, sondern die Robustheit und die Möglichkeiten zur aktiven Dämpfung zu erproben. Daher wurde auf den erhöhten Aufwand zur adäquaten Bahnvorgabe verzichtet und nur prinzipiell gezeigt, welchen Einfluß die Bahnvorgabe auf das Schwingungsverhalten des Roboters hat. Dabei läßt der Vergleich zu dem konventionellen Regler auch hier einen Schluß auf die Vorteile des robusten Reglers zur aktiven Dämpfung zu.

Die Bilder 4.8 und 4.9 zeigen die Rampenantworten in der Rotationsbewegung für alle Betriebsfälle. Die Bahnvorgabe wurde gestrichelt eingezeichnet. Die Endposition wird überschwingungsfrei erreicht. Die Geschwindigkeitsvorgabe wird innerhalb von 3 Sekunden nicht ganz erreicht, daß liegt aber an der Bahnvorgabe sowie an den geforderten langsamen Bewegungen des Roboters. Alle Betriebsfälle verhalten sich identisch, ein Unterschied ist erneut nur im Stellsignal erkennbar. Im Vergleich zur Sprungantwort (Bild 4.2) wird deutlich, daß für die rampenförmige Bahn ein sehr viel keineres Drehmoment benötigt wird. Den wesentlichen Unterschied zu den Sprungantworten offenbaren jedoch die elastischen Bewegungen (Bild 4.9). Die maximale Auslenkung ist in allen Teilbildern erheblich kleiner geworden. Beispielsweise sank die maximale Auslenkung $w_2(r,t)$ von über 3 mm bei der Sprungantwort auf unter 0.5 mm bei der Rampenantwort. Beim DMS-Signal und am Ende von Rohr 1 fällt der Vergleich ähnlich aus. Weiteres entscheidendes Merkmal der Rampenantwort sind die kaum erkennbaren Schwingungsamplituden. Hier zeigt sich die passive Dämpfung im Zusammenspiel mit der aktiven Dämpfung durch den etwas „sanfteren“ Übergang in der Positionsvorgabe. Einziger Nachteil der Rampenvorgabe ist das etwas spätere Erreichen der Endposition, da die Geschwindigkeitsänderung begrenzt ist. Das Fazit dieser Simulation lautet daher, daß das vorgeschlagene robuste Reglerkonzept grundsätzlich zum Bahnfahren geeignet ist, wenn mit Hilfe zusätzlicher Maßnahmen eine Minimierung des Schleppfehlers erreicht wird. Die Kombination aus aktiver und passiver Dämpfung erscheint durchaus geeignet zur überschwingfreien Positionierung der Nutzlast.

Um hier noch einmal die Notwendigkeit zur aktiven Dämpfung zu unterstreichen, wurde in der nachfolgenden Simulation in den Bildern 4.10 und 4.11 ein erneuter Vergleich zwischen dem robusten und dem konventionellen Regler durchgeführt. Beide Regelkreise erhielten die gleiche Bahnvorgabe. Als P-Regler wurde der gleiche Regler verwendet, der auch schon bei den Sprungantworten zum Einsatz kam. Den ersten Unterschied erkennt man zunächst in dem überschwingenden Verhalten des Regelkreises mit dem P-Regler. Außerdem zeigen sich im Geschwindigkeitssignal schon Schwingungen, die in den Simulationsverläufen für die elastischen Bewegungen noch deutlicher zu Tage treten. Die Sprünge im Geschwindigkeitssignal bewirken hier auch sprungförmige Änderungen im Stellsignal. Das hat eine starke Anregung der elastischen Bewegungen des Armes zur Folge. Insbesondere zeigen die drei Teilbilder starke Schwingungsamplituden für die Rampenantwort, während für den robusten Kreis kaum Schwingungen erkennbar sind. Lediglich das Maximum der Auslenkung fällt zu verschiedenen Zeitpunkten an, was jedoch auf den unterschiedlichen Verlauf der Beschleunigungen zurückzuführen ist. Wenn man bedenkt, daß der P-Regler für diese Art von Bahnvorgabe sogar überschwingt und ein deutlich größeres Maß an Schwingneigung zeigt, so wird deutlich, daß auch für diese Art von Bahnvorgabe das in dieser Arbeit vorgeschlagene robuste Reglerkonzept eine gute Wahl sein kann.

Abschließend soll in den Bildern 4.12 und 4.13 noch das Verhalten des robusten und des konventionellen Reglers bei Sinus^2-förmiger Bahnvorgabe gegenüber gestellt werden. Abgesehen von der sehr heftigen Reaktion des konventionell geregelten Kreises, im

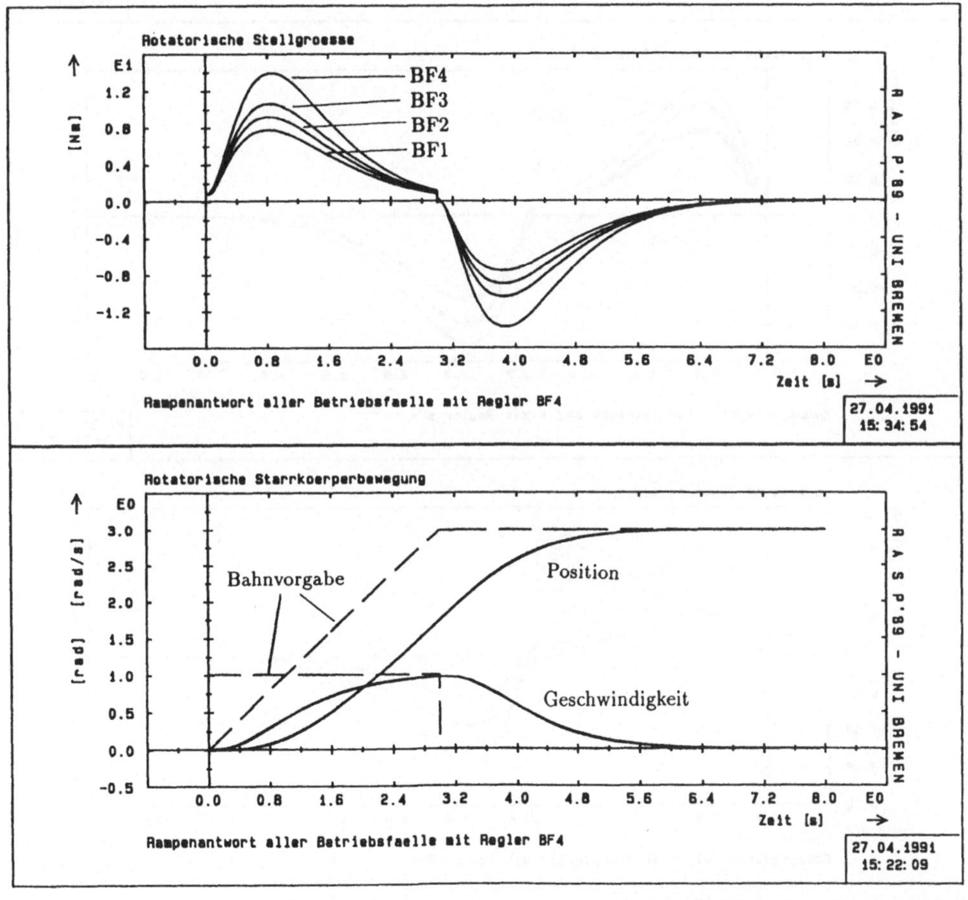

Bild 4.8: Simulation der Rotationsbewegung, robuster Regler, Rampenantwort, alle Betriebsfälle, Starrkörperbewegungen

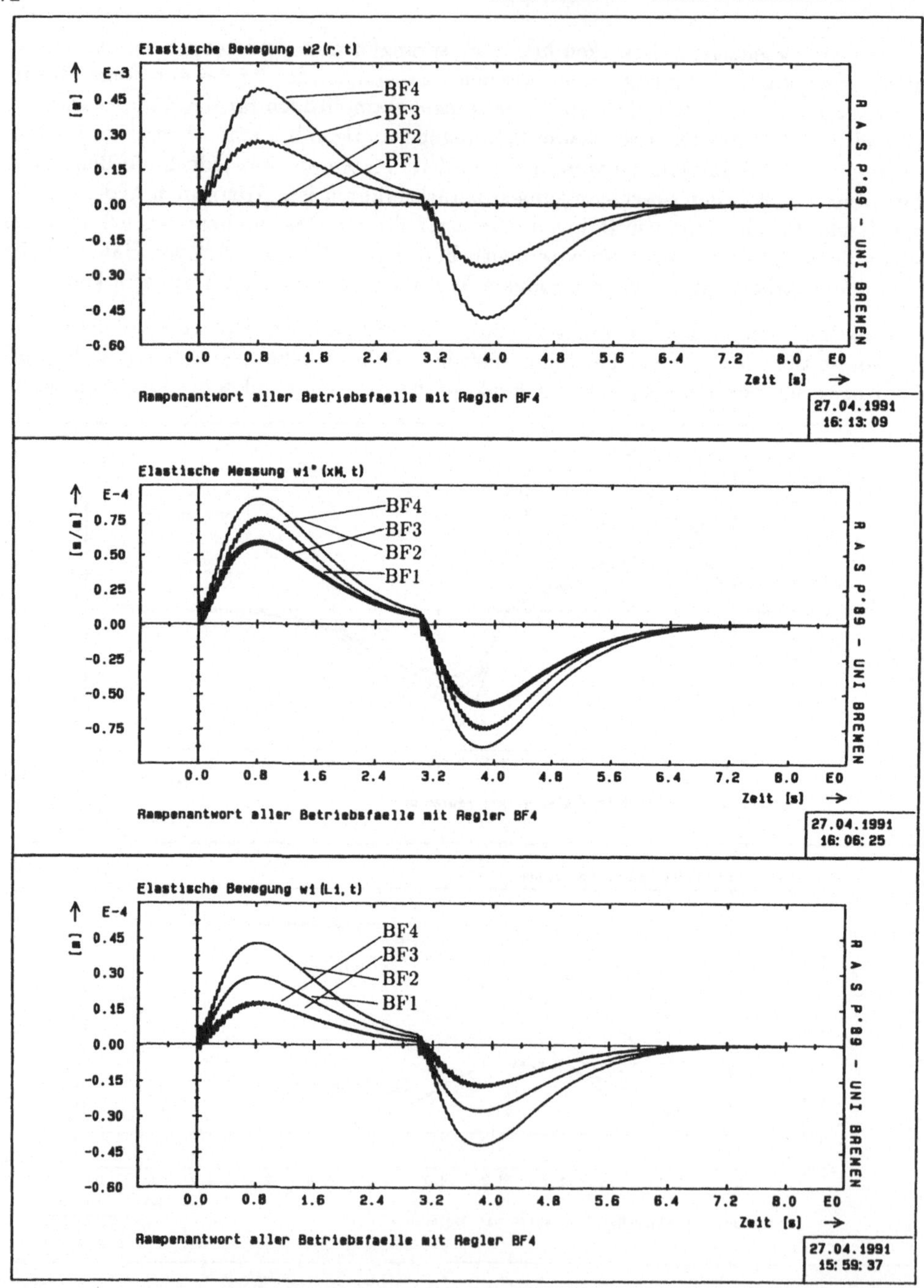

Bild 4.9: Simulation der Rotationsbewegung, robuster Regler, Rampenantwort, alle Betriebsfälle, elastische Bewegungen

Positions- und Geschwindigkeitssignal sind deutliche Überschwinger erkennbar, ist in den elastischen Bewegungen nur noch eine mehr oder minder deutliche Auslenkung erkennbar, jedoch keine Schwingungsbewegungen. Diese Erkenntnis besitzt für beide Regelkreise Gültigkeit. Die Auslenkungsamplituden liegen mit dem robusten Regler deutlich unter den vergleichbaren Werten des P-geregelten Kreises. Das liegt sicherlich auch an der höheren Bewegungsgeschwindigkeit im konventionell geregelten Kreis, jedoch ist das Verhältnis der Bewegungsgeschwindigkeiten und der Auslenkungsamplituden verschieden voneinander.

Es bleibt also fest zu halten, daß die Art der Bahnvorgabe für elastische Roboter eine große Rolle bei der Anregung von Schwingungen spielt. Die letzte Simulation hat aber auch deutlich gemacht, daß mit dem Konzept der robusten aktiven Schwingungsdämpfung noch eine weitere Verbesserung im Auslenkungsverhalten im Vergleich zu konventionellen Reglern erzielt werden kann.

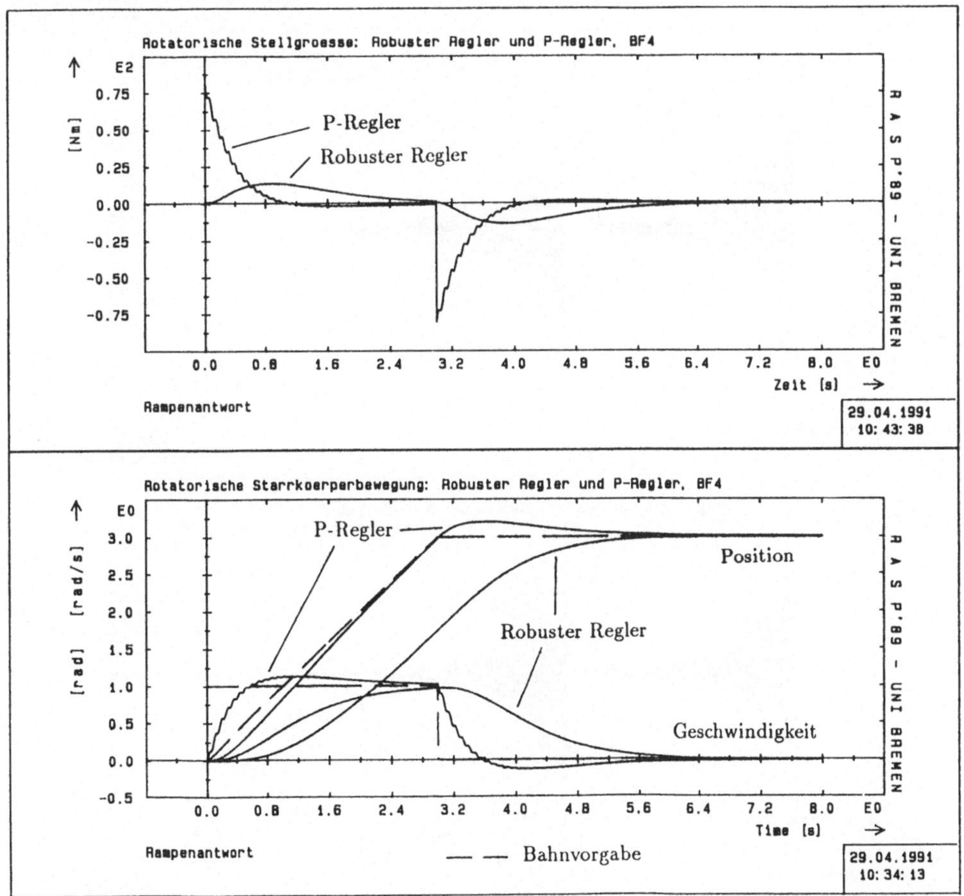

Bild 4.10: Simulation der Rotationsbewegung, Vergleich robuster Regler mit P-Regler, Rampenantwort, BF4, Starrkörperbewegungen

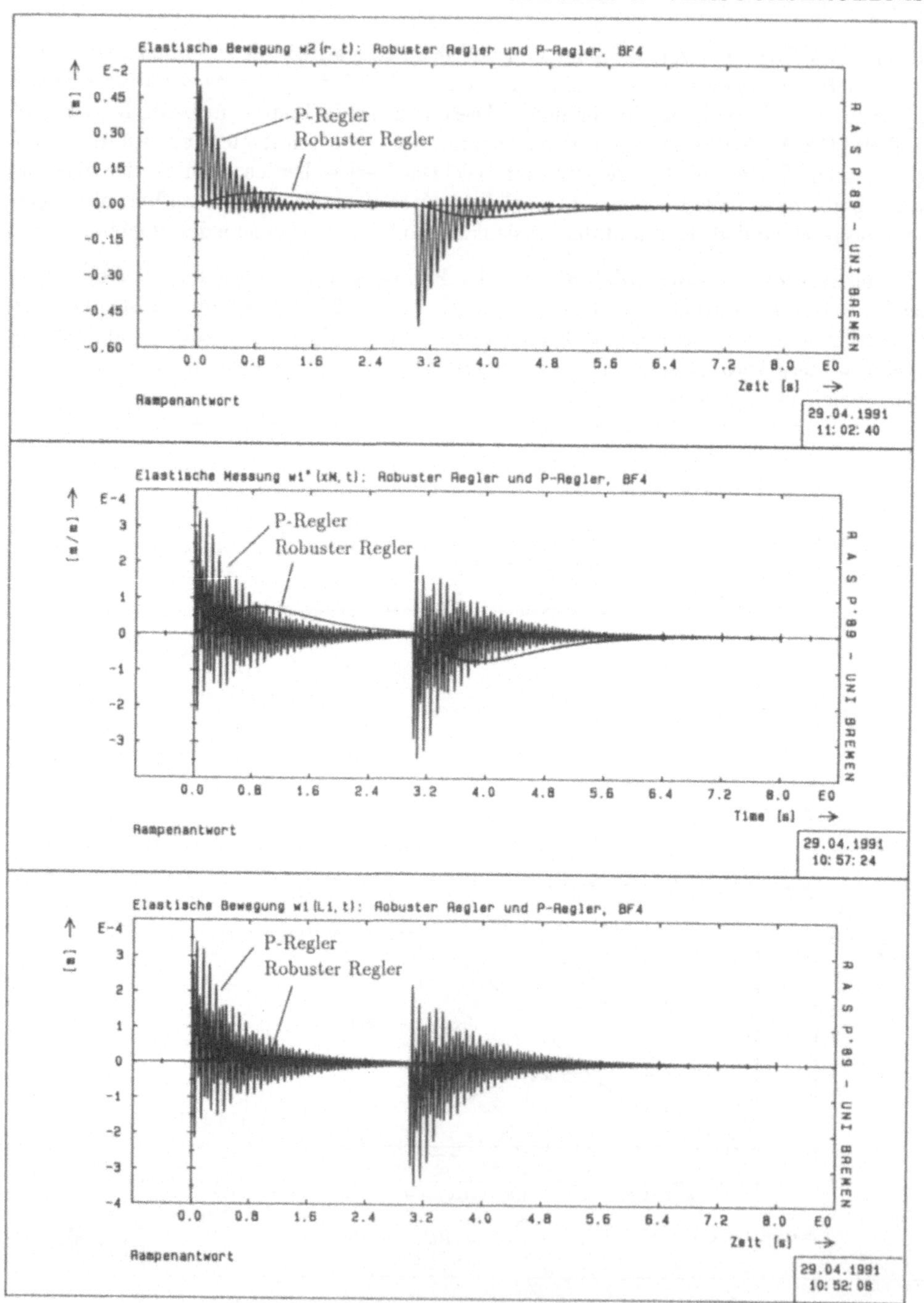

Bild 4.11: Simulation der Rotationsbewegung, Vergleich robuster Regler mit P-Regler, Rampenantwort, BF4, elastische Bewegungen

Kurz vor der Zusammenfassung der Versuchsergebnisse soll noch ein bisher nicht angesprochener Aspekt in den Simulationen und der Reglerauslegung verdeutlicht werden. Das Drehmoment in der Rotationsbewegung steht natürlich nicht unbegrenzt zur Verfügung. Die für *TELMAN* vorgesehene Motor-Getriebe Kombination stellt etwa 100 Nm zur Verfügung. Daneben besitzt ein Motor auch eine Dynamik, die bei den vorliegenden Simulationen außer Acht gelassen wurde. Außerdem muß von dem anstehenden Drehmoment ein Teil zur Reibgrößenkompensation abgezogen werden. Die Begrenzung der Stellgröße stellte somit ein wichtiges Entwurfsziel dar. In allen Simulationen der Rotationsbewegungen wurden nie mehr als 80 Nm benötigt, um eine halbe Umdrehung auszuführen. Der Maximalwert fällt nur bei der Sprungantwort an. Wenn man diesen Fall nicht beachtet, könnte der Roboter durchaus schneller ausgelegt werden, jedoch muß an dieser Stelle noch eine andere Entwurfsvorgabe beachtet werden. Der Roboter *TELMAN* wurde im

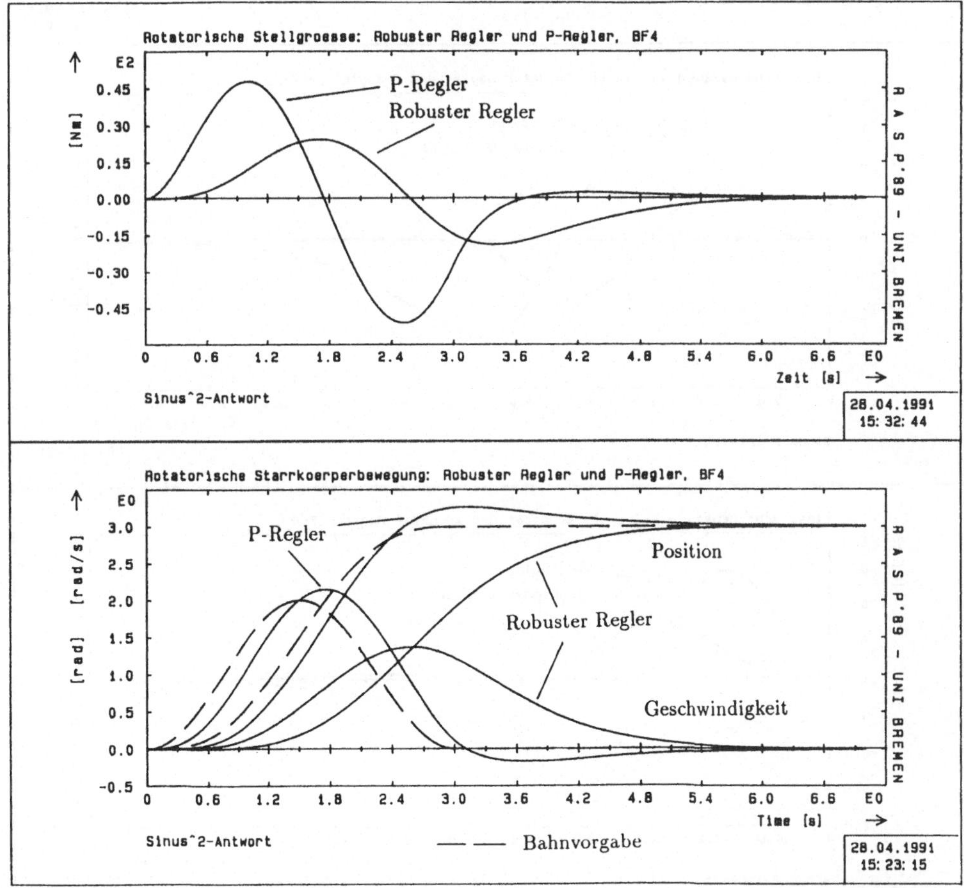

Bild 4.12: Simulation der Rotationsbewegung, Vergleich robuster Regler mit P-Regler, Sinus^2-Antwort, BF4, Starrkörperbewegungen

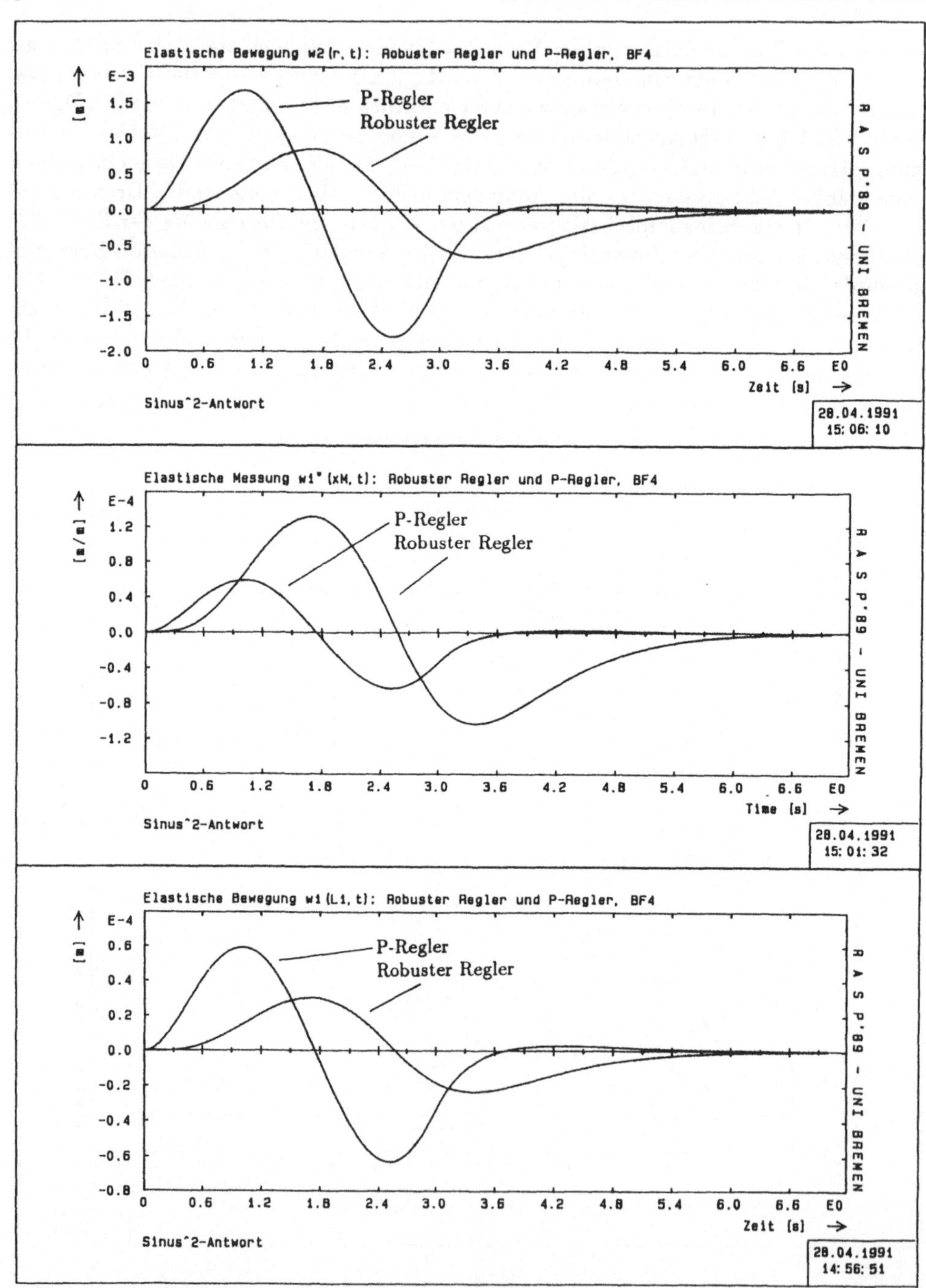

Bild 4.13: Simulation der Rotationsbewegung, Vergleich robuster Regler mit P-Regler, Sinus^2-Antwort, BF4, elastische Bewegungen

Hinblick auf Weltraumapplikationen entwickelt. Im Weltraum sind die hier untersuchten Geschwindigkeiten und Beschleunigungen schon viel zu hoch. Somit sei hier noch einmal festgestellt, daß der entworfene Regler hauptsächlich zur Darstellung der Funktionsweise des vorgeschlagenen robusten Konzeptes sowie zur Demonstration der Verbesserung gegenüber konventionellen Reglern geeignet ist.

Das Fazit der Simulationsuntersuchungen läßt sich damit in den folgenden Punkten zusammenfassen. Das vorgeschlagene robuste Reglerkonzept zur aktiven Dämpfung ist

- geeignet, eine zusätzliche aktive Dämpfung in den Regelkreis einzufügen.
- geeignet zur überschwingfreien Positionierung der Nutzlast.
- robust gegenüber den Parameteränderungen Nutzlast und Armlänge im vorgegebenen Betriebsbereich.
- ein guter Kompromiß zwischen Schnelligkeit in der Positionierung und Schwingungsdämpfung.
- bewegungsfähig mit begrenzter Stellgröße.
- grundsätzlich geeignet zum Bahnfahren, falls eine Feedforward Steuerung vorhanden ist.

Das robuste Regelungskonzept kann somit zur aktiven Dämpfung eines elastischen Roboters eingesetzt werden. Dies sollte jedoch immer in Verbindung mit einer geeigneten Bahnvorgabe erfolgen, die auf die physikalischen Verhältnisse des Roboters Rücksicht nimmt.

Kapitel 5

Zusammenfassung

Im Mittelpunkt der vorliegenden Arbeit steht die Entwicklung eines robusten Reglerkonzeptes für einen Roboter in Leichtbauweise mit einem teleskopartigen und einem rotatorischen Gelenk. Die wesentliche regelungstechnische Aufgabe bestand in erster Linie darin, eine aktive Dämpfung der durch die Leichtbauweise bedingten elastischen Schwingungen des längenveränderlichen Armes zu bewirken. Daneben gehörte die überschwingfreie Positionierung der Armspitze zu den wesentlichen Zielen, die mit einem möglichst einfach zu implementierenden Regelungskonzept erreicht werden sollten. Außerdem gehörte die vollständige regelungstechnische Ausstattung und deren Beschreibung zu den Zielen dieser Arbeit. Auf Grund dieser drei Aufgaben wurden die folgenden Problemstellungen angegangen und gelöst.

Als Basis für den Reglerentwurf wurde aus den kinematischen und dynamischen Gegebenheiten des Roboters ein zeitveränderliches **MDK**-Modell abgeleitet. Durch die Anwendung der LAGRANGE Gleichungen entstand für beide elastischen Rohre eine Bewegungsgleichung, bei der die verteilten elastischen Bewegungen durch einen RITZ-Ansatz diskretisiert wurden. Das Modell konnte in Simulationen die erwarteten Effekte zeigen, die im wesentlichen in den zeitveränderlichen Eigenfrequenzen und in der latenten Instabilitätseigenschaft in der Ausfahrbewegung zu sehen sind. Darüber hinaus konnte das Modell qualitativ in praktischen Untersuchungen an den Rohren bestätigt werden, da die veränderlichen Eigenfrequenzen und die Größenordnungen der Auslenkungen im Modell mit den Meßergebnissen gut übereinstimmen. Es entstand ein zeitvariantes Modell, daß nur zu bestimmten Zeitpunkten in die regelungstechnisch günstige Zustandsraumbeschreibung umgeformt werden konnte.

Diese Problematik wurde bei der Formulierung der regelungstechnischen Ziele wieder aufgegriffen. Es wurde ein robustes Regelungskonzept entwickelt, für das die Zeitvarianz der Regelstrecke kein Problem darstellte. Hierzu wurde das zeitveränderliche Modell mit Hilfe des „frozen parameter approach“ in vier zeitinvariante Modelle zur sogenannten Multi-Modell Beschreibung umgeformt. Auf dieser Basis entstand das robuste PI-Zustandsreglerkonzept, daß nach der Auslegung mit minimalem Aufwand implementiert werden kann. Die Spezifikation der Regelungsziele wurde aus den Vorgaben für den Laborroboter *TELMAN* abgeleitet und im eigentlichen Entwurf berücksichtigt.

Vor dem Entwurf wurde die Steuerbarkeit und Beobachtbarkeit des Modells sowie die Stabilität des geschlossenen Regelkreises nachgewiesen. Es erwies sich außerdem als notwendig, einen robusten Beobachter zur Rekonstruktion der elastischen Zustände in den Regelkreis einzufügen. Hierzu wurde eine Beobachterstruktur ausgewählt, die neben ihrer Robustheit sehr einfach als eine dynamische Rückführung in den Regelkreis eingefügt werden kann. Das ausgewählte Regelungskonzept wurde anschließend in eine für den computergestützten Entwurf besser geeignete mathematische Beschreibung umgeformt. Hierzu konnten alle freien Entwurfsparameter in einer Rückführmatrix zusammengefaßt werden. Der Entwurf mit dem Ziel einen gegenüber den Parametern Nutzlast und Armlänge robusten Regler zu erzielen, wurde auf der Basis der Multi-Modell Beschreibung und der vier RICCATI-Startregler mit dem Programmpaket VOMOSY durchgeführt. Es ergaben sich vier Regler, deren Parameter sich nur noch wenig voneinander unterschieden. Der Vergleich von Regelungseigenwerten und Simulationen sowie die Einbeziehung der Betriebsumstände ergaben, daß der Regler für BF4 als der robuste Regler bezeichnet werden kann. Abschließend wurde die Umsetzung des ausgelegten robusten Reglerkonzeptes in eine für die Implementation im Prozeßrechner geeignete Beschreibung angegeben.

In Simulationen konnten die guten Ergebnisse, die mit dem vorgestellten robusten Regelungskonzept erzielt werden, ausgiebig diskutiert werden. Die Regelungsziele konnten alle erreicht werden. Insbesondere konnte gezeigt werden, daß der Regler, obwohl robust entworfen, in jedem Betriebszustand für eine Zunahme der Dämpfung sorgen konnte. Darüber hinaus konnte das überschwingfreie Positionieren der Nutzlast bei verschwindender Regelabweichung gezeigt werden. Die Möglichkeit zum Bahnfahren ist unter bestimmten zusätzlichen Voraussetzungen gegeben. Eine erhebliche Verbesserung gegenüber konventionellen Reglern wurde in allen vergleichenden Simulationen sehr deutlich.

Als Nebenziel dieser Arbeit wurden die notwendigen regelungstechnischen Einrichtungen zum Betrieb des Roboters vorgestellt. Der Regelungsalgorithmus wurde für die praktische Implementation so aufbereitet, daß eine einfache praktische Erprobung ermöglicht wird.

Somit stehen alle notwendigen Einrichtungen an Hard- und Software zur Verfügung, um einen Roboter in Leichtbauweise mit einem translatorischen und einem rotatorischen Gelenk zu betreiben. Es konnte der Nachweis erbracht werden, daß das robuste Regelungskonzept eine erhebliche Verbesserung des dynamischen Verhaltens eines solchen Manipulators bewirken kann. Daneben darf nicht vergessen werden, daß das robuste Regelungskonzept auch für terrestrische Roboter benutzt werden kann, bei denen es ebenfalls um eine Verbesserung ihres sehr schlechten Verhältnisses von Nutzlast zu Eigengewicht geht. Das teleskopartige Manipulatorsegment *TELMAN* wurde zur Erprobung des einzelnen Gelenkes gebaut, seine zukünftigen Anwendungsgebiete werden jedoch eindeutig innerhalb größerer Roboterstrukturen in Leichtbauweise zu finden sein.

Literaturverzeichnis

[1] *386-MATLAB, Users Guide.* The Mathworks, Inc., 1989.

[2] J. Ackermann. Entwurf durch Polvorgabe. *Regelungstechnik*, 25(2), S.:173–179, 1977.

[3] J. Ackermann. Entwurfsverfahren für robuste Regelungen. *Automatisierungstechnik*, 32(1), S.:143–150, 1984.

[4] H. Asada und K. Youcef-Toumi. Development of a direct-drive arm using high-torque brushless motors. In R. Paul und M. Brady, Hrsg., *Robotics Research 1*, S.: 583–599, MIT Press, 1984.

[5] M.J. Balas. Feedback control of flexible systems. *IEEE Transactions on Automatic Control*, 23(4), S.:673–679, 1978.

[6] W. Breinl und G. Leitmann. Zustandsrückführung für dynamische Systeme mit Parameterunsicherheiten. *Regelungstechnik*, 31(3), S.:95–103, 1985.

[7] H. Bremer. *Dynamik und Regelung mechanischer Systeme.* B.G. Teubner Verlag Stuttgart, 1988.

[8] C.O. Bruce–Boye. Beobachterentwurf für einen elastischen Roboterarm. *Automatisierungstechnik*, 39(1), S.:5–10, 1991.

[9] C.O. Bruce–Boye. *Entwurf und Analyse eines Störgrößenbeobachters zur Kompensation von Reibkräften am Beispiel eines Roboters mit teleskopartigem Gelenk.* Dissertation, Universität Bremen, 1991.

[10] S.E. Burke und J.E. Hubbard jr. Distributed actuator control design for flexible beams. *Automatica*, 24(5), S.:619–627, 1988.

[11] R.H. Cannon und E. Schmitz. Initial experiments on the end-point control of a flexible one-link robot. *International Journal of Robotics Research*, 3(3), S.:62–75, 1984.

[12] N.G. Chalhoub und A.G. Ulsoy. Control of a flexible robot arm: Experimental and theoretical results. *Journal of Dynamic Systems, Measurement and Control*, 109, S.:299–309, 1987.

[13] N.G. Chalhoub und A.G. Ulsoy. Dynamic simulation of a leadscrew driven flexible robot arm and controller. *Journal of Dynamic Systems, Measurement and Control*, 108, S.:119–126, 1986.

[14] H. Cheah. *Dynamic Analysis of a Flexible Telescopic Robot Arm*. Diplomarbeit, MIT, 1988.

[15] R. Conti. *Linear differential equations and control*. Volume 1 of *Institutiones Mathematicae*, Academic Press, London and New York, 1976.

[16] F. Demeester und H. van Brussel. Real-time optical measurement of robot structural deflections. *Mechatronics*, 1(1), S.:73–86, 1991.

[17] F. Dörrscheidt. Regelungssysteme mit veränderlichen Parametern. *Regelungstechnik*, 23(3), S.:70–77, 1975.

[18] H. Fehren und W. Schmidke. *Modellbildung und Regelung eines elastischen Roboterarms*. Diplomarbeit, Universität Bremen, 1987.

[19] V. Feliu, K.S. Rattan, und H.B. Brown Jr. Adaptive control of a single-link flexible manipulator. *IEEE Control Systems Magazine*, 2(2), S.:29–33, 1990.

[20] O. Föllinger. *Regelungstechnik*. Hüthig Buchverlag, 6.Auflage, 1990.

[21] W. Fuß und D. Jürgens. *Entwurf und Simulation eines robusten Zustandsbeobachters und Zustandsreglers für einen elastischen Roboterarm und Implementierung der Regelalgorithmen auf einer Versuchsanlage*. Diplomarbeit, Universität Bremen, 1989.

[22] B. Gebler. *Modellbildung, Steuerung und Regelung für elastische Industrieroboter. Fortschrittberichte der VDI Zeitschriften Reihe 11, Nr.98*, VDI-Verlag Düsseldorf, 1987.

[23] W. Gerth. *RTOS-UH PEARL Handbuch Rev.: 2.2*. Verlag Heinz Heise Hannover, 1989.

[24] S. Graul. *Dynamic Performance of telescopic and articulated Robot Architectures*. Internal Document RB514-37/86, Fa. MBB–ERNO Bremen, 1986.

[25] P. Gummert und K.A. Reckling. *Mechanik*. 2.Auflage Vieweg Verlag, 1987.

[26] H. Hanselmann. Diskretisierung kontinuierlicher Regler. *Regelungstechnik* , 32(10), S.:326–334, 1984.

[27] H. Hanselmann. Implementation of digital controllers. *Automatica*, 23(1), S.:7–32, 1987.

[28] G.G. Hastings und W.J. Book. Experiments in optimal control of a flexible arm. In *Proceedings American Control Conference*, S.: 728–729, Boston, 1985.

[29] G.G. Hastings und W.J. Book. A linear dynamic modell for flexible robotic manipulators. *IEEE Control Systems Magazine*, 6(2), S.:61–64, 1987.

[30] M.L.J. Hautus. Controllability and observability conditions of linear autonomous systems. *Indagations Mathematicae*, 31, S.:443–448, 1969.

[31] M.L.J. Hautus. Stabilization, controllability, and observability of linear autonomous systems. In *Proceedings Ned. Akad. Wetschappen, Series A.*, S.: 455–488, 1970.

[32] H. Henrichfreise. *Aktive Schwingungsdämpfung an einem elastischen Knickarmroboter. Fortschritte der Robotik Nr. 1*, Vieweg Verlag, 1989.

[33] K. Hoffmann. *Dehnungsmeßstreifen, ein universelles Hilfsmittel der experimentellen Spannungsanalyse.* Hottinger Baldwin Messtechnik vd73004.

[34] E. Hügel. *Ausbau und Anwendung des interaktiven Programmsystems VOMOSY zum mehrzieligen Reglerentwurf.* Diplomarbeit, Universität Karlsruhe Nr.:360, 1985.

[35] R. Johanni. *Automatisches Aufstellen der Bewegungsgleichungen von Baumstrukturierten Mehrkörpersystemen mit elastischen Körpern.* Institutsbericht TUM-LBM-85-1, Lehrstuhl B für Mechanik, Technische Universität München, 1985.

[36] D. Joos et al. *RASP'89.* DLR–Institut für Dynamik der Flugsysteme und Ruhr Universität Bochum (Lehrstuhl für Regelungssysteme und Steuerungstechnik), 1989.

[37] E.W. Kamen, P.P. Khargonekar, und A. Tannenbaum. Control of slowly-varying systems. *IEEE Transactions on Automatic Control*, 34(12), S.:1283–1285, 1989.

[38] P. Kärkkäinen und A. Halme. Modal space control of manipulator vibrational motion. In *Robot Control (SYROCO'85)*, S.: 169–173, IFAC, Barcelona, Spain, 1985.

[39] G. Karl. *Regelung elastischer Industrieroboter mit Hilfe nichtlinearer Systementkopplung.* Diplomarbeit, TU München, 1979.

[40] U. Kleemann. *Regelung elastischer Roboter. Fortschrittberichte der VDI Zeitschriften Reihe 8: Meß-, Steuer- und Regelungstechnik Nr.: 191*, VDI-Verlag Düsseldorf, 1989.

[41] U. Konigorski. Entwurf robuster strukturbeschränkter Zustandsregelungen durch Polgebietsvorgabe mittels Straffunktion. *Automatisierungstechnik*, 35(6), S.:457–464, 1987.

[42] P. Kopacek, K. Desoyer, und P. Lugner. Modelling of flexible robots - An introduction. In *Symposium on Robot Control*, S.: 1.1–1.8, IFAC, Karlsruhe, 1988.

[43] V.V. Korolov und Y.H. Chen. Robust control of a flexible manipulator. In *International Conference on Robotics and Automation*, S.: 159–164, IEEE, Philadelphia, 1988.

[44] G. Kreisselmeier und R. Steinhauser. Application of vector performance optimization to robust control loop design for a fighter aircraft. *International Journal of Control*, 37(2), S.:251–284, 1983.

[45] G. Kreisselmeier und R. Steinhauser. Systematische Auslegung von Reglern durch Optimierung eines vektoriellen Gütekriteriums. *Regelungstechnik*, 27(3), S.:76–79, 1979.

[46] H.-B. Kuntze und U. Hirsch. Decentralized vibration absorption of industrial robots by a new mechatronics concept. In *Proceedings IEEE International Conference on Control and Applications, ICCON'89, Jerusalem*, 1989.

[47] J. Kurek. Observation of the state vector of linear multivariable systems with unknown inputs. *International Journal of Control*, 36(3), S.:511–515, 1982.

[48] I.D. Landau. Adaptive control techniques for robotic manipulators – The status of the art. In *Robot Control (SYROCO'85)*, S.: 17–25, IFAC, Barcelona, Spain, 1985.

[49] A.J. Laub und J.N. Little. *Control System Toolbox Version 2.2 for PC-MATLAB*. The Mathworks, Inc., 1986.

[50] G. Ludyk. *CAE von dynamischen Systemen*. Springer–Verlag, 1990.

[51] G. Ludyk. *Theorie dynamischer Systeme*. Elitera–Verlag, 1977.

[52] G. Ludyk, C. Bruce–Boye, J. Cordes, D. Jürgens, und S. Zong. *TELMAN : Dokumentation der Regelungssoftware (Benutzerhandbuch) (AP5400)*. Technische Notiz TEL-UB-504-0391, Universität Bremen, 1991.

[53] G. Ludyk, C. Bruce–Boye, J. Cordes, D. Jürgens, und S. Zong. *TELMAN : Reglerentwurf (AP5300)*. Technische Notiz TEL-UB-503-0790, Universität Bremen, 1990.

[54] G. Ludyk, C. Bruce–Boye, J. Cordes, und S. Zong. *TELMAN : Modellbildung (AP5200)*. Technische Notiz TEL-UB-502-0290, Universität Bremen, 1990.

[55] W. Luther, K. Niederdrenk, F. Reutter, und H. Yserentant. *Gewöhnliche Differentialgleichungen. Rechnerorientierte Ingenieurmathematik*, Vieweg Verlag, 1987.

[56] C.H. Menq und J.S. Chen. Dynamic modeling and payload-adaptive control of a flexible manipulator. In *International Conference on Robotics and Automation*, S.: 488–493, IEEE, Philadelphia, 1988.

[57] S. Nicosia, P. Tomei, und A. Tournambè. Non-linear control and observation algorithms for a single-link flexible robot arm. *International Journal of Control*, 49(3), S.:827–840, 1989.

[58] H. Öry, A. Rittweger, und S. Zurhorst. *Strukturmechanische Untersuchungen am Teleskop-Manipulatorarm TELMAN*. TEL-IFL-301-TN-0290, Institut für Leichtbau, RWTH Aachen, 1990.

[59] H. Öry und S. Zurhorst. *Strukturmechanische Untersuchungen am Teleskoprohr.* Technischer Bericht, Statusbericht zum 7. Arbeitstreffen TELMAN, April 1991.

[60] J.C. Ower und J. van de Vegte. Classical control design for a flexible manipulator: Modeling and control system design. *IEEE Journal of Robotics and Automation*, 3(5), S.:485–489, 1987.

[61] F. Pfeiffer. *Einführung in die Dynamik.* B.G. Teubner Verlag Stuttgart, 1989.

[62] B. Porter und R. Crossley. *Modal Control Theory and Applications.* Taylor and Francis, 1972.

[63] G. Roppenecker. Entwurf robuster Regelungen mittels Vollständiger Modaler Synthese und Anwendung auf den spurgeführten Omnibus. *Automatisierungstechnik*, 35(9), S.:349–358, 1987.

[64] G. Roppenecker. *Vollständige modale Synthese linearer Systeme und ihre Anwendung zum Entwurf strukturbeschränkter Zustandsrückführungen. Fortschrittberichte der VDI Zeitschriften Reihe 8: Meß-, Steuer- und Regelungstechnik Nr.: 59*, VDI-Verlag Düsseldorf, 1983.

[65] G. Roppenecker. *Zeitbereichsentwurf linearer Regelungssysteme.* G. Oldenbourg Verlag, 1990.

[66] H.H. Rosenbrock. The stability of linear time-dependent control systems. *International Journal on Electronics and Control*, 15, S.:73–80, 1963.

[67] D.M. Rovner und G.F. Franklin. Experiments in load-adaptive control of a very flexible one-link manipulator. *Automatica*, 24(4), S.:541–548, 1988.

[68] I.S. Sadek. Approximate methods for multiobjective distributed control of a vibrating beam. In H.H.E. Leipholz, Hrsg., *Proceedings of the 2. International Symposium on structural Control 1985*, S.: 594–611, Martinus Nijhoff Publishers, Waterloo, Canada, 1987.

[69] M.G. Safonov. *Stability and Robustness of Multivariable Feedback Systems.* The MIT Press, Cambridge, Massachusetts, 1980.

[70] Y. Sakawa und Z.H. Luo. Modeling and control of coupled bending and torsional vibrations of flexible beams. *IEEE Transactions on Automatic Control*, 34(9), S.:970–977, 1989.

[71] G. Shi und S.N. Atluri. Active control of nonlinear dynamic response of space-frames using piezo-electric actuators. *Computers and Structures*, 34(4), S.:549–564, 1990.

[72] I.Y. Shung und M. Vidyasagar. Control of a flexible robot arm with bounded input: Optimum step responses. In *Conference on Robotics and Automation*, S.: 916–922, IEEE, Raleigh, North Carolina, 1987.

[73] M. Spong, J. Thorp, und J.M. Kleinwaks. Robust microprocessor control of robot manipulators. *Automatica*, 23(3), S.:373–379, 1987.

[74] I. Troch und P. Kopacek. Control concepts and algorithms for flexible robots - An expository survey. In *Symposium on Robot Control*, S.: 2.1–2.6, IFAC, Karlsruhe, 1988.

[75] A. Truckenbrodt. *Bewegungsverhalten und Regelung hybrider Mehrkörpersysteme mit Anwendung auf Industrieroboter. Fortschrittberichte der VDI Zeitschriften Reihe 8: Meß-, Steuer- und Regelungstechnik Nr.: 33*, VDI-Verlag Düsseldorf, 1980.

[76] H. Unbehauen. *Regelungstechnik III*. Vieweg–Verlag, 1984.

[77] VDI/VDE Gesellschaft Meß- und Automatisierungstechnik. Robuste Regelung : Vorträge zum Aussprachetag. GMA-Bericht Nr.11, 1986.

[78] D. Wang und M. Vidyasagar. Control of a flexible beam for optimum step response. In *Conference on Robotics and Automation*, S.: 1567–1572, IEEE, Raleigh, North Carolina, 1987.

[79] P.K.C. Wang und J.D. Wei. Feedback control of vibrations in a moving flexible robot arm with rotary and prismatic joints. In *International Conference on Robotics and Automation*, S.: 1683–1689, IEEE, Raleigh, North Carolina, 1987.

[80] P.K.C. Wang und J.D. Wei. Vibrations in a moving flexible robot arm. *Journal of Sound and Vibration*, 116(1), S.:149–160, 1987.

[81] R.L. Wells, J.K. Schueller, und J. Tlusty. Feedforward and feedback control of a flexible robotic arm. *IEEE Control Systems Magazine*, 9(1), S.:9–15, 1990.

[82] S. Yurkovich und A. Tzes. Experiments in identifikation and control of flexible link manipulators. *IEEE Control Systems Magazine*, 2(2), S.:41–46, 1990.

Anhang A

Ableitung des Modells

A.1 Vektorbeschreibung

Das folgende Bild A.1 enthält die wesentlichen Koordinatensysteme zur Ableitung der Bewegungsgleichungen des elastischen Roboters. Gezeichnet wurden die Koordinatensysteme für das innere Rohr 1. Für Rohr 2 wird ein eigenes körpereigenes Koordinatensystem am Ende von Rohr 1 angebracht.

Im Bild wird nur eine ebene Darstellung gegeben. Die in die Zeichenebene zeigende y-Achse stellt die Starrkörperrotationsachse dar. Auf Grund dieser einzigen Rotation im System ist auch nur eine elastische Verdrehung β möglich.

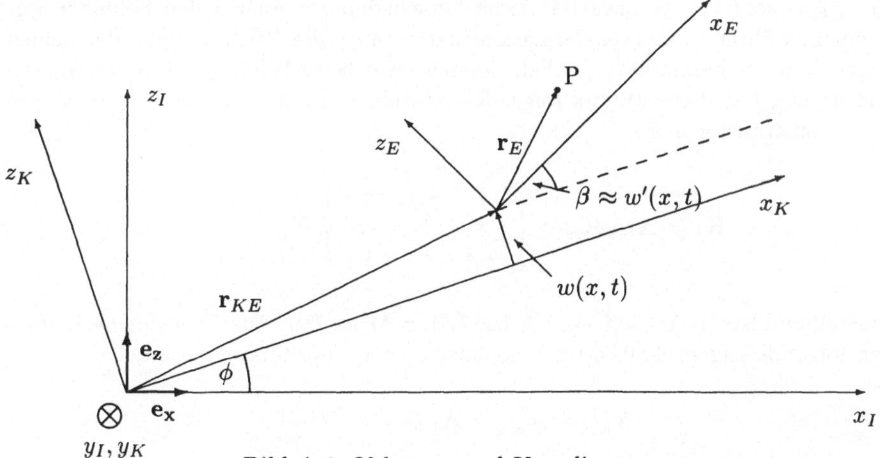

Bild A.1: Vektoren und Koordinatensysteme

Der zu modellierende Roboter befindet sich in einem Inertialsystem $\mathbf{K}_I$. Im Ursprung des Inertialsystems ist das körpereigene Koordinatensystem $\mathbf{K}_1$ angebracht. Es ist gegenüber dem Inertialsystem um den Winkel ϕ verdreht. Neben diesen beiden Systemen wird noch ein elementeigenes Koordinatensystem $\mathbf{K}_E$ eingeführt, das seinen Ursprung im Schwerpunkt eines infinitesimal kleinen Teilstückes des Armes hat. Bei der Auswertung der LAGRANGE-Gleichung spielt die Wahl des Koordinatensystems keine Rolle, es müssen jedoch alle Größen in einem gemeinsamen Koordinatensystem beschrieben werden.

Im folgenden werden die Notationen zur Beschreibung eines Punktes im körpereigenen System gezeigt.

$$\mathbf{r} = \mathbf{E}_K \mathbf{r}_K = (\mathbf{e_x}\ \mathbf{e_y}\ \mathbf{e_z}) \begin{pmatrix} r_x \\ r_y \\ r_z \end{pmatrix} = \begin{pmatrix} 1 & 0 & 0 \\ 0 & 1 & 0 \\ 0 & 0 & 1 \end{pmatrix} \begin{pmatrix} r_x \\ r_y \\ r_z \end{pmatrix} = \begin{pmatrix} r_x \\ r_y \\ r_z \end{pmatrix}$$

Die Teilvektoren von $\mathbf{E}_K$ stellen dabei die Einheitsrichtungsvektoren des Koordinatensystems dar.

Die Transformation eines Punktes aus dem elementeigenen in das körpereigene System sieht wie folgt aus:

$$\mathbf{r}_K = \mathbf{r}_{KE} + \mathbf{A}_{KE} \mathbf{r}_E$$

Der Vektor $\mathbf{r}_{KE}$ beschreibt die translatorische Verschiebung zwischen den beiden Koordinatensystemen, während die Transformationsmatrix $\mathbf{A}_{KE}$ die Verdrehungen der beiden Systeme gegeneinander beinhaltet. Im Falle kleiner (Kardan-) Winkel, wie in der Elastizitätstheorie üblich, hat diese Matrix folgendes Aussehen: (z. B. um das System $\mathbf{K}_E$ in das System $\mathbf{K}_1$ zu transformieren)

$$\mathbf{K}_1 = \mathbf{A}_{KE} \mathbf{K}_E = \begin{pmatrix} 1 & -\gamma & \beta \\ \gamma & 1 & -\alpha \\ -\beta & \alpha & 1 \end{pmatrix} \mathbf{K}_E$$

bei Drehungsreihenfolge: x-Achse (α), y-Achse (β), z-Achse (γ). Die Transformationmatrizen haben folgende Eigenschaften im Falle kartesischer Koordinatensysteme:

$$\mathbf{A}_{KE}^{-1} = \mathbf{A}_{KE}^{\top} = \mathbf{A}_{EK}$$

Die absolute Geschwindigkeit des Punktes $\mathbf{r}_E$ aus dem $\mathbf{K}_E$-System beschrieben im $\mathbf{K}_1$-System:

$$\mathbf{v}_K = \left.\frac{d\mathbf{r}_E}{dt}\right|_K = \left.\frac{d\mathbf{r}_{KE}}{dt}\right|_K + \boldsymbol{\omega}_{KE} \times \mathbf{r}_E$$

Für die Winkelgeschwindigkeit gilt für kleine Winkel [7]:

$$\boldsymbol{\omega}_{KE} = \begin{pmatrix} \dot{\alpha} \\ \dot{\beta} \\ \dot{\gamma} \end{pmatrix} = \boldsymbol{\omega}_{EK}$$

A.2 Geschwindigkeiten

A.2.1 Rohr 1

Schwerpunkt eines Punktes auf Rohr 1 im System $\mathbf{K}_1$:

$$\mathbf{s}_1 = \begin{pmatrix} x_1 \\ 0 \\ w_1(x_1, t) \end{pmatrix}$$

Winkelgeschwindigkeit des Punktes:

$$\boldsymbol{\omega}_{IK_1} = \begin{pmatrix} 0 \\ \dot{\phi} \\ 0 \end{pmatrix}$$

Damit ergibt sich die absolute Geschwindigkeit wie folgt:

$$\mathbf{v}_1 = \frac{d\mathbf{s}_1}{dt}_I = \frac{d\mathbf{s}_1}{dt}_{K_1} + \boldsymbol{\omega}_{IK_1} \times \mathbf{s}_1$$

Daraus ergibt sich:

$$\mathbf{v}_1 = \begin{pmatrix} \dot{\phi}\ w_1(x_1, t) \\ 0 \\ \dot{w}_1(x_1, t) - \ \dot{\phi}\ x_1 \end{pmatrix} \tag{A.1}$$

Die Winkelgeschwindigkeit eines Punktes auf dem Rohr setzt sich aus der Starrkörperdrehung ϕ und der Drehung zusammen, die durch die elastische Biegung verursacht wird. Da nur um eine Achse gedreht wird, lassen sich die Winkelgeschwindigkeiten einfach addieren. Es ergibt sich

$$\boldsymbol{\omega}_1 = \begin{pmatrix} 0 \\ \dot{\phi} + \ \dot{\beta} \approx \dot{w}_1'(x_1, t) \\ 0 \end{pmatrix} \tag{A.2}$$

A.2.2 Körper 2

Der Schwerpunkt s_2 wird als fest verbunden mit dem Rohr 1 angesehen, deshalb gilt für $\mathbf{v}_2$ analog zu $\mathbf{v}_1$:

$$\mathbf{v}_2 = \begin{pmatrix} \dot{\phi}\ w_1(s_2, t) \\ 0 \\ \dot{w}_1(s_2, t) - \ \dot{\phi}\ s_2 \end{pmatrix} \tag{A.3}$$

$$\boldsymbol{\omega}_2 = \begin{pmatrix} 0 \\ \dot{\phi} + \ \dot{w}_1'(s_2, t) \\ 0 \end{pmatrix} \tag{A.4}$$

A.2.3 Rohr 2

Der Schwerpunkt eines Punktes auf Rohr 2 ist durch die Summe der beiden folgenden Vektoren beschrieben:

$$\begin{aligned} \mathbf{s} &= \mathbf{s}_1 + \mathbf{s}_3 \\ \mathbf{s} &= \begin{pmatrix} L_1 \\ 0 \\ w_1(L_1, t) \end{pmatrix}_{K_1} + \begin{pmatrix} x_2 \\ 0 \\ w_2(x_2, t) \end{pmatrix}_{K_2} \end{aligned}$$

Die einzelnen Winkelgeschwindigkeiten sind wie folgt festgelegt:

$$\boldsymbol{\omega}_{IK_1} = \begin{pmatrix} 0 \\ \dot{\phi} \\ 0 \end{pmatrix} \quad \boldsymbol{\omega}_{K_1K_2} = \begin{pmatrix} 0 \\ \dot{\beta} \approx \dot{w}_1'(L_1, t) \\ 0 \end{pmatrix}$$

Die Transformationsmatrix zwischen den beiden körpereigenen Koordinatensystemen lautet:

$$\mathbf{A}_{K_2K_1} = \begin{pmatrix} 1 & 0 & -w_1'(L_1, t) \\ 0 & 1 & 0 \\ w_1'(L_1, t) & 0 & 1 \end{pmatrix} = \mathbf{A}_{K_1K_2}^{\mathsf{T}}$$

Die Darstellung von $\mathbf{v}_3$ soll im körpereigenen System $\mathbf{K}_2$ erfolgen.

$$\begin{aligned} \mathbf{v}_3 &= \frac{d\mathbf{s}_1}{dt} + \frac{d\mathbf{s}_3}{dt} \\ &= \frac{d\mathbf{s}_1}{dt}_{K_1} + \boldsymbol{\omega}_{IK_1} \times \mathbf{s}_1 + \frac{d\mathbf{s}_3}{dt}_{K_2} + \boldsymbol{\omega}_{K_1K_2} \times \mathbf{s}_3 + \boldsymbol{\omega}_{IK_1} \times \mathbf{s}_3 \end{aligned}$$

Anschließend müßen alle Vektoren in ein gemeinsames Koordinatensystem transformiert werden, dann ergibt sich für $\mathbf{v}_3$:

$$\mathbf{v}_3 = \mathbf{A}_{K_2K_1} \frac{d\mathbf{s}_1}{dt}_{K_1} + \mathbf{A}_{K_2K_1} (\boldsymbol{\omega}_{IK_1} \times \mathbf{s}_1) + \frac{d\mathbf{s}_3}{dt}_{K_2} + \mathbf{A}_{K_2K_1} (\boldsymbol{\omega}_{K_1K_2} \times \mathbf{s}_3) + \mathbf{A}_{K_2K_1} (\boldsymbol{\omega}_{IK_1} \times \mathbf{s}_3)$$

Daraus ergibt sich $\mathbf{v}_3$ wie folgt:

$$\begin{aligned} \mathbf{v}_3 &= \begin{pmatrix} \dot{r}(t) + \dot{w}_1'(L_1, t) w_2(x_2, t) + \dot{\phi}\, w_2(x_2, t) \\ 0 \\ \dot{w}_2(x_2, t) - \dot{w}_1'(L_1, t) x_2 - \dot{\phi}\, x_2 \end{pmatrix} \\ &+ \begin{pmatrix} \dot{\phi}\, w_1(L_1, t) - w_1'(L_1, t) \dot{w}_1(L_1, t) + w_1'(L_1, t)\, \dot{\phi}\, (L_1 + x_2) \\ 0 \\ \dot{w}_1(L_1, t) - \dot{\phi}\, L_1 + w_1'(L_1, t)\, \dot{\phi}\, (w_1(L_1, t) + w_2(x_2, t)) \end{pmatrix} \end{aligned} \tag{A.5}$$

Die Winkelgeschwindigkeit $\boldsymbol{\omega}_3$ läßt sich mit der gleichen Begründung wir bei Rohr 1 hinschreiben:

$$\boldsymbol{\omega}_3 = \begin{pmatrix} 0 \\ \dot{\phi} + \dot{w}_1'(L_1, t) + \dot{w}_2'(x_2, t) \\ 0 \end{pmatrix} \tag{A.6}$$

A.2.4 Nutzlast

Die Geschwindigkeit der Nutzlast entspricht der Geschwindigkeit von Rohr 2 an der Stelle $x_2 = r(t)$:

$$
\begin{aligned}
\mathbf{v}_4 &= \begin{pmatrix} \dot r(t) + \dot w_1'(L_1,t) w_2(r(t),t) + \dot\phi\, w_2(r(t),t) \\ 0 \\ \dot w_2(r(t),t) - \dot w_1'(L_1,t) r(t) - \dot\phi\, r(t) \end{pmatrix} \\
&+ \begin{pmatrix} \dot\phi\, w_1(L_1,t) - w_1'(L_1,t)\dot w_1(L_1,t) + w_1'(L_1,t)\,\dot\phi\,(L_1 + r) \\ 0 \\ \dot w_1(L_1,t) - \dot\phi\, L_1 + w_1'(L_1,t)\,\dot\phi\,(w_1(L_1,t) + w_2(r,t)) \end{pmatrix}
\end{aligned} \tag{A.7}
$$

$$
\boldsymbol{\omega}_4 = \begin{pmatrix} 0 \\ \dot\phi + \dot w_1'(L_1,t) + \dot w_2'(r(t),t) \\ 0 \end{pmatrix} \tag{A.8}
$$

A.2.5 Berechnung der Geschwindigkeitsquadrate

$$
\begin{aligned}
\mathbf{v}_1^{\mathsf T}\mathbf{v}_1 &= \dot\phi^2 w_1^2(x_1,t) + \left(\dot w_1(x_1,t) - \dot\phi\, x_1\right)^2 \\
&= \dot\phi^2 w_1^2(x_1,t) + \dot w_1^2(x_1,t) - 2\dot w_1(x_1,t)\,\dot\phi\, x_1 + \dot\phi^2 x_1^2
\end{aligned}
$$

$$
\mathbf{v}_2^{\mathsf T}\mathbf{v}_2 = \dot\phi^2 w_1^2(s_2,t) + \dot w_1^2(s_2,t) - 2\dot w_1(s_2,t)\,\dot\phi\, s_2 + \dot\phi^2 s_2^2
$$

$$
\begin{aligned}
\mathbf{v}_3^{\mathsf T}\mathbf{v}_3 &= \Big(\dot r(t) + \dot w_1'(L_1,t) w_2(x_2,t) + \dot\phi\, w_2(x_2,t) \\
&\quad + w_1'(L_1,t)\,\dot\phi\,(L_1 + x_2) - w_1'(L_1,t)\dot w_1(L_1,t) + \dot\phi\, w_1(L_1,t)\Big)^2 \\
&\quad + \Big(\dot w_2(x_2,t) - \dot w_1'(L_1,t)x_2 - \dot\phi\, x_2 + \dot w_1(L_1,t) \\
&\quad - \dot\phi\, L_1 + w_1'(L_1,t)\,\dot\phi\,(w_1(L_1,t) + w_2(x_2,t))\Big)^2 \\
&= \dot r^2(t) + \dot w_1'^2(L_1,t) w_2^2(x_2,t) + \underline{\dot\phi^2 w_2^2(x_2,t)} + w_1'^2(L_1,t)\,\dot\phi^2\,(L_1 + x_2)^2 \\
&+ w_1'^2(L_1,t)\dot w_1^2(L_1,t) + \underline{\dot\phi^2 w_1^2(L_1,t)} + 2\,\dot r(t)\dot w_1'(L_1,t) w_2(x_2,t) \\
&+ 2\,\dot r(t)\,\dot\phi\, w_2(x_2,t) - 2\,\dot r(t) w_1'(L_1,t)\dot w_1(L_1,t) + 2\,\dot r(t)\,\dot\phi\, w_1(L_1,t) \\
&+ 2\,\dot r(t) w_1'(L_1,t)\,\dot\phi\,(L_1 + x_2) + 2\,\dot w_1'(L_1,t) w_2^2(x_2,t)\,\dot\phi \\
&+ 2\,\dot w_1'(L_1,t) w_1'(L_1,t) w_2(x_2,t)\,\dot\phi\,(L_1 + x_2) \\
&- 2\,\dot w_1'(L_1,t) w_1'(L_1,t)\dot w_1(L_1,t) w_2(x_2,t)
\end{aligned}
$$

$$
\begin{aligned}
&+ \; 2\,\dot{w}_1'(L_1,t)w_1(L_1,t)w_2(x_2,t)\,\dot{\phi} + 2\,w_1'(L_1,t)w_2(x_2,t)\,\dot{\phi}^2\,(L_1+x_2)\\
&- \; 2\,w_1'(L_1,t)\dot{w}_1(L_1,t)w_2(x_2,t)\,\dot{\phi} + \underline{\dot{w}_2^2(x_2,t)} + \underline{\dot{w}_1'^2(L_1,t)x_2^2} + \underline{\dot{\phi}^2 x_2^2}\\
&+ \; \underline{2\,\dot{\phi}^2 w_1(L_1,t)w_2(x_2,t)} - 2\,\dot{\phi}\,w_1'(L_1,t)\dot{w}_1(L_1,t)w_1(L_1,t)\\
&- \; 2\,w_1'^2(L_1,t)\dot{w}_1(L_1,t)\,\dot{\phi}\,(L_1+x_2) - 2\,w_1'(L_1,t)w_1(L_1,t)\,\dot{\phi}^2\,(L_1+x_2)\\
&+ \; \underline{\dot{w}_1^2(L_1,t)} + \underline{\dot{\phi}^2 L_1^2} + w_1'^2(L_1,t)\,\dot{\phi}^2\,(w_1(L_1,t)+w_2(x_2,t))^2\\
&- \; \underline{2\,\dot{w}_1'(L_1,t)\dot{w}_2(x_2,t)x_2} - \underline{2\,\dot{w}_2(x_2,t)\,\dot{\phi}\,x_2} + \underline{2\,\dot{w}_1(L_1,t)\dot{w}_2(x_2,t)}\\
&- \; \underline{2\,\dot{w}_2(x_2,t)\,\dot{\phi}\,L_1} + \underline{2\,\dot{w}_1'(L_1,t)x_2^2\,\dot{\phi}} - \underline{2\,\dot{w}_1'(L_1,t)\dot{w}_1(L_1,t)x_2}\\
&+ \; \underline{2\,\dot{w}_1'(L_1,t)x_2\,\dot{\phi}\,L_1} - \underline{2\,\dot{w}_1(L_1,t)\,\dot{\phi}\,x_2} + \underline{2\,\dot{\phi}^2 L_1 x_2} - \underline{2\,\dot{w}_1(L_1,t)\,\dot{\phi}\,L_1}\\
&+ \; 2\,w_1'^2(L_1,t)\,\dot{\phi}\,(w_1(L_1,t)+w_2(x_2,t))\,\dot{w}_2(x_2,t)\\
&- \; 2\,w_1'^2(L_1,t)\,\dot{\phi}\,(w_1(L_1,t)+w_2(x_2,t))\,\dot{w}_1'(L_1,t)\\
&- \; 2\,w_1'^2(L_1,t)\,\dot{\phi}^2\,(w_1(L_1,t)+w_2(x_2,t))\,(L_1+x_2)\\
&+ \; 2\,w_1'^2(L_1,t)\,\dot{\phi}\,(w_1(L_1,t)+w_2(x_2,t))\,\dot{w}_1(L_1,t)
\end{aligned}
$$

Nur die unterstrichenen Terme finden letztlich Eingang in die LAGRANGE-Auswertung. Alle anderen Terme haben in den elastischen Termen eine Ordnung > 2, bzw. enthalten die Starrkörperbewegung $r(t)$, die als entkoppelt von den elastischen Bewegungen betrachtet werden soll.

Für $\mathbf{v}_4$ ergibt sich ein analoger Ausdruck, nur an Stelle von x_2 steht jetzt $r(t)$.

Die Quadrate der Winkelgeschwindigkeiten können nur zusammen mit den Massen- bzw. Flächenträgheitsmomenten berechnet werden. Flächenträgheitsmomente:

1. Rohr 1 : $\mathbf{I}_1 = \begin{pmatrix} I_{x_1} & 0 & 0 \\ 0 & I_{y_1} & 0 \\ 0 & 0 & I_{z_1} \end{pmatrix}$

2. Rohr 2 : $\mathbf{I}_2 = \begin{pmatrix} I_{x_2} & 0 & 0 \\ 0 & I_{y_2} & 0 \\ 0 & 0 & I_{z_2} \end{pmatrix}$

Gleiches gilt für die Massenträgheitsmomente:

1. Körper 2 : $\mathbf{J}_1 = \begin{pmatrix} J_{x_1} & 0 & 0 \\ 0 & J_{y_1} & 0 \\ 0 & 0 & J_{z_1} \end{pmatrix}$ mit $J_{y_1} = \rho_2 I_{y_2}(L_2 - r)$

2. Nutzlast : $\mathbf{J}_2 = \begin{pmatrix} J_{x_2} & 0 & 0 \\ 0 & J_{y_2} & 0 \\ 0 & 0 & J_{z_2} \end{pmatrix}$

Damit ergeben sich folgende Produkte, wenn man bedenkt, daß nur Drehungen um die jeweilige y-Achse erfolgen:

$$
\begin{aligned}
\boldsymbol{\omega}_1^{\mathsf{T}} \mathbf{I}_1 \boldsymbol{\omega}_1 &= I_{y_1} \left(\dot{\phi}^2 + 2\dot{\phi}\,\dot{w}_1'(x_1,t) + \dot{w}_1'^2(x_1,t) \right) \\
\boldsymbol{\omega}_2^{\mathsf{T}} \mathbf{J}_1 \boldsymbol{\omega}_2 &= J_{y_1} \left(\dot{\phi}^2 + 2\dot{\phi}\,\dot{w}_1'(s_2,t) + \dot{w}_1'^2(s_2,t) \right) \\
\boldsymbol{\omega}_3^{\mathsf{T}} \mathbf{I}_2 \boldsymbol{\omega}_3 &= I_{y_2} \Big(\dot{\phi}^2 + 2\dot{\phi}\,\dot{w}_1'(L_1,t) + 2\;\dot{\phi}\,\dot{w}_2'(x_2,t) \\
&\quad + \dot{w}_1'^2(L_1,t) + 2\;\dot{w}_1'^2(L_1,t)\dot{w}_2'(x_2,t) + \dot{w}_2'^2(x_2,t) \Big) \\
\boldsymbol{\omega}_4^{\mathsf{T}} \mathbf{J}_2 \boldsymbol{\omega}_4 &= J_{y_2} \Big(\dot{\phi}^2 + 2\dot{\phi}\,\dot{w}_1'(L_1,t) + 2\;\dot{\phi}\,\dot{w}_2'(r(t),t) \\
&\quad + \dot{w}_1'^2(L_1,t) + 2\;\dot{w}_1'^2(L_1,t)\dot{w}_2'(r(t),t) + \dot{w}_2'^2(r(t),t) \Big)
\end{aligned}
$$

A.3 Ableitung von Ansatzfunktionen

A.3.1 Ableitung nach dem Ort

$$
\begin{aligned}
\overline{\overline{w}}_i'(x) &= \frac{\varepsilon_i}{r} \left(\sinh\left(\frac{\varepsilon_i x}{r}\right) + \sin\left(\frac{\varepsilon_i x}{r}\right) - \alpha_i \left[\cosh\left(\frac{\varepsilon_i x}{r}\right) - \cos\left(\frac{\varepsilon_i x}{r}\right) \right] \right) \\
\overline{\overline{w}}_i''(x) &= \frac{\varepsilon_i^2}{r^2} \left(\cosh\left(\frac{\varepsilon_i x}{r}\right) + \cos\left(\frac{\varepsilon_i x}{r}\right) - \alpha_i \left[\sinh\left(\frac{\varepsilon_i x}{r}\right) + \sin\left(\frac{\varepsilon_i x}{r}\right) \right] \right)
\end{aligned}
$$

A.3.2 Ableitung nach der Zeit

Hier ergibt sich ein von Null verschiedener Wert, wenn die Normierung über eine zeitvariante Länge, wie z. B. $r(t)$, vorgenommen wurde.

$$
\frac{d\,w(x,t)}{dt} = \sum_{i=1}^{n} \frac{d\,(\,\overline{\overline{w}}_i(x)\;\overline{w}_i(t))}{dt} = \sum_{i=1}^{n} \left(\frac{d\,\overline{\overline{w}}_i(x)}{dt}\;\overline{w}_i(t) + \overline{\overline{w}}_i(x)\;\dot{\overline{w}}_i(t) \right)
$$

Das bedeutet für die hier verwendeten Ansatzfunktionen:

$$
\begin{aligned}
\frac{d\,\overline{\overline{w}}_i(x)}{dt} &= \frac{d\,\left[\cosh\left(\frac{\varepsilon_i x}{r}\right) - \cos\left(\frac{\varepsilon_i x}{r}\right) - \alpha_i \left[\sinh\left(\frac{\varepsilon_i x}{r}\right) - \sin\left(\frac{\varepsilon_i x}{r}\right)\right]\right]}{dt} \\
&= \varepsilon_i x \left(\frac{-\dot{r}(t)}{r^2(t)} \right) \left(\sinh\left(\frac{\varepsilon_i x}{r}\right) + \sin\left(\frac{\varepsilon_i x}{r}\right) - \alpha_i \left[\cosh\left(\frac{\varepsilon_i x}{r}\right) - \cos\left(\frac{\varepsilon_i x}{r}\right) \right] \right) \\
&= \widetilde{\overline{\overline{w}}}_i(x)
\end{aligned}
$$

damit ergibt sich als Ergebnis:

$$\frac{d\, w(x,t)}{dt} = \sum_{i=1}^{n} \Big(\widetilde{\overline{\overline{w}}}_i(x)\, \overline{w}_i(t) + \overline{\overline{w}}_i(x)\, \dot{\overline{w}}_i(t) \Big)$$

A.3.3 Integrale der Ansatzfunktionen

Zur Vereinfachung der Darstellung der Integrale über die Ansatzfunktionen bzw. deren Produkte, werden im Anhang A.4.2 bei den LAGRANGE-Auswertungen folgende Abkürzungen verwendet.

1	$\int_0^{L_1} \overline{\overline{\mathbf{w}}}_1(x_1)\, \overline{\overline{\mathbf{w}}}_1^{\mathsf{T}}(x_1)\, dx_1$	$= L_1\, \mathbf{M}_1$
2	$\int_0^{L_1} x_1\, \overline{\overline{\mathbf{w}}}_1(x_1)\, dx_1$	$= L_1^2\, \mathbf{xm}_1$
3	$\int_0^{r(t)} \overline{\overline{\mathbf{w}}}_2(x_2)\, dx_2$	$= r(t)\, \mathbf{m}_2$
4	$\int_0^{r(t)} \overline{\overline{\mathbf{w}}}_2(x_2)\, \overline{\overline{\mathbf{w}}}_2^{\mathsf{T}}(x_2)\, dx_2$	$= r(t)\, \mathbf{M}_2$
5	$\int_0^{r(t)} x_2\, \overline{\overline{\mathbf{w}}}_2(x_2)\, dx_2$	$= r^2(t)\, \mathbf{xm}_2$
6	$\int_0^{L_1} \overline{\overline{\mathbf{w}}}'_1(x_1)\, \overline{\overline{\mathbf{w}}}_1'^{T}(x_1)\, dx_1$	$= \frac{1}{L_1}\, \mathbf{MS}_1$
7	$\int_0^{L_1} \overline{\overline{\mathbf{w}}}''_1(x_1)\, \overline{\overline{\mathbf{w}}}_1''^{T}(x_1)\, dx_1$	$= \frac{1}{L_1^3}\, \mathbf{MSS}_1$
8	$\int_0^{r(t)} \overline{\overline{\mathbf{w}}}''_2(x_2)\, \overline{\overline{\mathbf{w}}}_2''^{T}(x_2)\, dx_2$	$= \frac{1}{r^3(t)}\, \mathbf{MSS}_2$
9	$\int_0^{L_1} x_1\, \overline{\overline{\mathbf{w}}}'_1(x_1)\, dx_1$	$= L_1\, \mathbf{xms}_1$
10	$\int_0^{r(t)} \overline{\overline{\mathbf{w}}}'_2(x_2)\, dx_2$	$= \mathbf{ms}_2$

A.4 LAGRANGE-Auswertung

Hier werden die notwendigen Schritte zur Auswertung der LAGRANGE-Gleichung nacheinander vorgestellt.

A.4.1 Ableitung der kinetischen Energie nach der translatorischen Geschwindigkeit

$$\frac{\partial T_2}{\partial \dot{r}(t)} = \rho_2 A_2 \big(L_2 - r(t)\big)\, \dot{r}(t)$$

$$\frac{d}{dt} \quad = \quad \rho_2 A_2 \big((L_2 - r(t))\, \ddot{r}(t) \; - \dot{r}^2(t)\big)$$

$$\frac{\partial T_3}{\partial \dot{r}(t)} = \rho_2 A_2 r(t)\, \dot{r}(t)$$

$$\frac{d}{dt} \quad = \quad \rho_2 A_2 \big(r(t)\, \ddot{r}(t) \; + \dot{r}^2(t)\big)$$

$$\frac{\partial T_4}{\partial \dot{r}(t)} = m_l\, \dot{r}(t)$$

$$\frac{d}{dt} \quad = \quad m_l\, \ddot{r}(t)$$

Da die nichtlinearen Anteile wegen der langsamen Geschwindigkeiten vernachlässigt werden, brauchen die Ableitungen nach $r(t)$ nicht durchgeführt werden.

A.4.2 Ableitung der kinetischen Energie nach der rotatorischen Geschwindigkeit

T_1

$$\begin{aligned} \frac{\partial T_1}{\partial \dot{\phi}} \quad = \quad & \frac{1}{2}\rho_1 A_1 \Bigg(2\,\dot{\phi}\;\overline{\mathbf{w}}_1^{\mathsf{T}}(t) \int\limits_0^{L_1} \overline{\overline{\mathbf{w}}}_1(x_1)\,\overline{\overline{\mathbf{w}}}_1^{\mathsf{T}}(x_1)\,dx_1\;\overline{\mathbf{w}}_1(t) \\ & - 2 \int\limits_0^{L_1} x_1\,\overline{\overline{\mathbf{w}}}_1^{\mathsf{T}}(x_1)\,dx_1\;\dot{\overline{\mathbf{w}}}_1(t) + \frac{2}{3}L_1^3\,\dot{\phi} \Bigg) \\ & + \frac{1}{2}\rho_1 I_{y_1} \Bigg(2\,\dot{\phi}\,L_1 + 2 \int\limits_0^{L_1} \overline{\overline{\mathbf{w}}}_1'^{\mathsf{T}}(x_1)\,dx_1\;\dot{\overline{\mathbf{w}}}_1(t) \Bigg) \end{aligned}$$

$$\begin{aligned}
\frac{d}{dt} &= \rho_1 A_1 \Bigg(\ddot{\phi}\ \overline{\mathbf{w}}_1^{\mathsf{T}}(t) \int_0^{L_1} \overline{\overline{\mathbf{w}}}_1(x_1)\ \overline{\overline{\mathbf{w}}}_1^{\mathsf{T}}(x_1)\, dx_1\ \overline{\mathbf{w}}_1(t) \\
&\quad + 2\,\dot{\phi}\ \overline{\mathbf{w}}_1^{\mathsf{T}}(t) \int_0^{L_1} \overline{\overline{\mathbf{w}}}_1(x_1)\ \overline{\overline{\mathbf{w}}}_1^{\mathsf{T}}(x_1)\, dx_1\ \dot{\overline{\mathbf{w}}}_1(t) - \int_0^{L_1} x_1\ \overline{\overline{\mathbf{w}}}_1^{\mathsf{T}}(x_1)\, dx_1\ \ddot{\overline{\mathbf{w}}}_1(t) + \frac{1}{3} L_1^3\, \ddot{\phi} \Bigg) \\
&\quad + \rho_1 I_{y_1} \Bigg(L_1\, \ddot{\phi} + \int_0^{L_1} \overline{\overline{\mathbf{w}}}_1'^{\mathsf{T}}(x_1)\, dx_1\ \ddot{\overline{\mathbf{w}}}_1(t) \Bigg) \\
&= \rho_1 A_1 \Big(L_1\, \ddot{\phi}\ \overline{\mathbf{w}}_1^{\mathsf{T}}(t)\ \mathbf{M}_1\ \overline{\mathbf{w}}_1(t) + 2\,\dot{\phi}\, L_1\ \overline{\mathbf{w}}_1^{\mathsf{T}}(t)\ \mathbf{M}_1\ \dot{\overline{\mathbf{w}}}_1(t) \\
&\quad - L_1^2\ \mathbf{xm}_1^{\mathsf{T}}\ \ddot{\overline{\mathbf{w}}}_1(t) + \frac{1}{3} L_1^3\, \ddot{\phi} \Big) + \rho_1 I_{y_1} \Big(L_1\, \ddot{\phi} + L_1\ \mathbf{ms}_1\ \ddot{\overline{\mathbf{w}}}_1(t) \Big) \\
&= m_1 \Big(\ddot{\phi}\ \overline{\mathbf{w}}_1^{\mathsf{T}}(t)\ \mathbf{M}_1\ \overline{\mathbf{w}}_1(t) + 2\,\dot{\phi}\ \overline{\mathbf{w}}_1^{\mathsf{T}}(t)\ \mathbf{M}_1\ \dot{\overline{\mathbf{w}}}_1(t) \\
&\quad - L_1\ \mathbf{xm}_1^{\mathsf{T}}\ \ddot{\overline{\mathbf{w}}}_1(t) + \frac{1}{3} L_1^2\, \ddot{\phi} \Big) + \rho_1 I_{y_1} \Big(L_1\, \ddot{\phi} + L_1\ \mathbf{ms}_1^{\mathsf{T}}\ \ddot{\overline{\mathbf{w}}}_1(t) \Big)
\end{aligned}$$

T_2

$$\begin{aligned}
\frac{\partial T_2}{\partial \dot{\phi}} &= \frac{1}{2} \rho_2 A_2 (L_2 - r) \Big[2\,\dot{\phi}\ \overline{\mathbf{w}}_1^{\mathsf{T}}(t)\ \overline{\overline{\mathbf{w}}}_1(s_2(t))\ \overline{\overline{\mathbf{w}}}_1^{\mathsf{T}}(s_2(t))\ \overline{\mathbf{w}}_1(t) \\
&\quad - 2\ s_2(t)\ \overline{\overline{\mathbf{w}}}_1^{\mathsf{T}}(s_2(t))\ \dot{\overline{\mathbf{w}}}_1(t) + 2\,\dot{\phi}\, s_2^2(t) \Big] \\
&\quad + \frac{1}{2} \rho_2 I_{y_2} (L_2 - r(t)) \Big(2\,\dot{\phi} + 2\ \overline{\overline{\mathbf{w}}}_1'(s_2(t))\ \dot{\overline{\mathbf{w}}}_1(t) \Big)
\end{aligned}$$

$$\begin{aligned}
\frac{d}{dt} &= \rho_2 A_2 \Bigg((-\dot{r}(t)) \Big(\dot{\phi}\ \overline{\mathbf{w}}_1^{\mathsf{T}}(t)\ \overline{\overline{\mathbf{w}}}_1(s_2(t))\ \overline{\overline{\mathbf{w}}}_1^{\mathsf{T}}(s_2(t))\ \overline{\mathbf{w}}_1(t) \\
&\quad - s_2(t)\ \overline{\overline{\mathbf{w}}}_1^{\mathsf{T}}(s_2(t))\ \dot{\overline{\mathbf{w}}}_1(t) + \dot{\phi}\, s_2^2(t) \Big) \\
&\quad + (L_2 - r) \Big(\ddot{\phi}\ \overline{\mathbf{w}}_1^{\mathsf{T}}(t)\ \overline{\overline{\mathbf{w}}}_1(s_2(t))\ \overline{\overline{\mathbf{w}}}_1^{\mathsf{T}}(s_2(t))\ \overline{\mathbf{w}}_1(t) \\
&\quad + 2\,\dot{\phi}\ \overline{\mathbf{w}}_1^{\mathsf{T}}(t)\ \overline{\overline{\mathbf{w}}}_1(s_2(t))\ \overline{\overline{\mathbf{w}}}_1^{\mathsf{T}}(s_2(t))\ \dot{\overline{\mathbf{w}}}_1(t) \\
&\quad - \Big(\dot{r}(t)\ \overline{\overline{\mathbf{w}}}_1^{\mathsf{T}}(s_2(t))\ \dot{\overline{\mathbf{w}}}_1(t) + s_2(t)\ \overline{\overline{\mathbf{w}}}_1^{\mathsf{T}}(s_2(t))\ \ddot{\overline{\mathbf{w}}}_1(t) \Big) + \ddot{\phi}\, s_2^2(t) - \dot{\phi}\, \dot{r}(t)\ s_2(t) \Big) \Bigg)
\end{aligned}$$

$$+ \rho_2 I_{y_2}\Bigg((-\dot{r}(t)) \left(\dot{\phi} + \overline{\overline{\mathbf{w}}}_1'^{\mathsf{T}}(s_2(t))\, \dot{\mathbf{w}}_1(t) \right)$$

$$+ (L_2 - r(t)) \left(\ddot{\phi} + \overline{\overline{\mathbf{w}}}_1'^{\mathsf{T}}(s_2(t))\, \ddot{\mathbf{w}}_1(t) \right) \Bigg)$$

mit $\dot{s}_2(t) = -\dfrac{1}{2}\dot{r}(t)$

T_3

$$\frac{\partial T_3}{\partial \dot{\phi}} = \frac{1}{2}\rho_2 A_2 \Bigg(2\,\dot{\phi} \Bigg(r(t)\, \overline{\mathbf{w}}_1^{\mathsf{T}}(t)\, \overline{\overline{\mathbf{w}}}_1(L_1)\, \overline{\overline{\mathbf{w}}}_1^{\mathsf{T}}(L_1)\, \overline{\mathbf{w}}_1(t)$$

$$+ 2\, \overline{\overline{\mathbf{w}}}_1^{\mathsf{T}}(L_1)\, \overline{\mathbf{w}}_1(t) \int_0^{r(t)} \overline{\overline{w}}_2^{\mathsf{T}}\, dx_2\ \ \overline{\mathbf{w}}_2(t)$$

$$+ \overline{\mathbf{w}}_2^{\mathsf{T}}(t) \int_0^{r(t)} \overline{\overline{\mathbf{w}}}_2(x_2)\, \overline{\overline{\mathbf{w}}}_2^{\mathsf{T}}(x_2)\, dx_2\ \ \overline{\mathbf{w}}_2(t) \Bigg)$$

$$- 2 \left(L_1\, r(t) + \frac{1}{2} r^2(t) \right) \overline{\overline{\mathbf{w}}}_1^{\mathsf{T}}(L_1)\, \dot{\mathbf{w}}_1(t) - 2L_1 \int_0^{r(t)} \overline{\overline{\mathbf{w}}}_2^{\mathsf{T}}(x_2)\, dx_2\ \ \dot{\mathbf{w}}_2(t)$$

$$+ 2\ \overline{\overline{\mathbf{w}}}_1'^{\mathsf{T}}(L_1)\, \dot{\mathbf{w}}_1(t) \left(\frac{1}{2} L_1 r^2(t) + \frac{1}{3} r^3(t) \right) - 2 \int_0^{r(t)} x_2\, \overline{\overline{\mathbf{w}}}_2^{\mathsf{T}}(x_2)\, dx_2\ \ \dot{\mathbf{w}}_2(t)$$

$$+ 2\,\dot{\phi}\, r(t) \left(L_1^2 + L_1 r(t) + \frac{1}{3} r^2(t) \right) \Bigg)$$

$$+ \frac{1}{2}\rho_2 I_{y_2} \left(2\,\dot{\phi}\, r(t) + 2\ \overline{\overline{\mathbf{w}}}_1'^{\mathsf{T}}(L_1)\, \dot{\mathbf{w}}_1(t) r(t) + 2 \int_0^{r(t)} \overline{\overline{\mathbf{w}}}_2'^{\mathsf{T}}(x_2)\, dx_2\ \ \dot{\mathbf{w}}_2(t) \right)$$

$$\frac{d}{dt} = \rho_2 A_2 \Bigg(\ddot{\phi} \Bigg(r(t)\, \overline{\mathbf{w}}_1^{\mathsf{T}}(t)\, \overline{\overline{\mathbf{w}}}_1(L_1)\, \overline{\overline{\mathbf{w}}}_1^{\mathsf{T}}(L_1)\, \overline{\mathbf{w}}_1(t)$$

$$+ 2\, \overline{\overline{\mathbf{w}}}_1^{\mathsf{T}}(L_1)\, \overline{\mathbf{w}}_1(t)\, \mathbf{m}_2^{\mathsf{T}}\, \overline{\mathbf{w}}_2(t) + \overline{\mathbf{w}}_2^{\mathsf{T}}(t)\, \mathbf{M}_2\, \overline{\mathbf{w}}_2(t) \Bigg)$$

$$+ \dot{\phi} \Bigg(\dot{r}(t)\, \overline{\mathbf{w}}_1^{\mathsf{T}}(t)\, \overline{\overline{\mathbf{w}}}_1(L_1)\, \overline{\overline{\mathbf{w}}}_1^{\mathsf{T}}(L_1)\, \overline{\mathbf{w}}_1(t) + 2r(t)\, \overline{\mathbf{w}}_1^{\mathsf{T}}(t)\, \overline{\overline{\mathbf{w}}}_1(L_1)\, \overline{\overline{\mathbf{w}}}_1^{\mathsf{T}}(L_1)\, \dot{\mathbf{w}}_1(t)$$

$$+ 2\Big(\overline{\overline{\mathbf{w}}}_1^{\mathsf{T}}(L_1)\, \dot{\overline{\mathbf{w}}}_1(t)\, r(t)\;\; \mathbf{m}_2^{\mathsf{T}}\, \overline{\mathbf{w}}_2(t)$$

$$+ \overline{\overline{\mathbf{w}}}_1^{\mathsf{T}}(L_1)\, \overline{\mathbf{w}}_1(t) \Big[\dot{r}(t)\;\; \mathbf{m}_2^{\mathsf{T}}\, \overline{\mathbf{w}}_2(t) + \;r(t)\; \mathbf{m}_2^{\mathsf{T}}\, \dot{\overline{\mathbf{w}}}_2(t) \Big] \Big)$$

$$+ \dot{r}(t)\;\; \overline{\mathbf{w}}_2^{\mathsf{T}}(t)\; \mathbf{M}_2\; \overline{\mathbf{w}}_2(t) + \;2r(t)\; \overline{\mathbf{w}}_2^{\mathsf{T}}(t)\; \mathbf{M}_2\; \dot{\overline{\mathbf{w}}}_2(t) \Big)$$

$$- (L_1\, \dot{r}(t) \;+\; r(t)\, \dot{r}(t)\,)\; \overline{\overline{\mathbf{w}}}_1^{\mathsf{T}}(L_1)\, \dot{\overline{\mathbf{w}}}_1(t) - \Big(\; L_1 r(t) + \;\; \frac{1}{2} r^2(t) \Big)\; \overline{\overline{\mathbf{w}}}_1^{\mathsf{T}}(L_1)\, \ddot{\overline{\mathbf{w}}}_1(t)$$

$$-L_1 \Big(\dot{r}(t)\;\; \mathbf{m}_2^{\mathsf{T}}\, \dot{\overline{\mathbf{w}}}_2(t) + r(t)\, \mathbf{m}_2^{\mathsf{T}}\, \ddot{\overline{\mathbf{w}}}_2(t) \Big) + \; \overline{\overline{\mathbf{w}}}_1^{\prime\mathsf{T}}(L_1)\, \ddot{\overline{\mathbf{w}}}_1(t) \Big(\frac{1}{2} L_1 r^2(t) + \;\; \frac{1}{3} r^3(t) \Big)$$

$$+ \; \overline{\overline{\mathbf{w}}}_1^{\prime\mathsf{T}}(L_1)\, \dot{\overline{\mathbf{w}}}_1(t)\, (L_1 r(t)\, \dot{r}(t) \;+ r^2(t)\, \dot{r}(t)\,)$$

$$-\; 2\, \dot{r}(t)\, r(t)\;\; \mathbf{xm}_2^{\mathsf{T}}\, \dot{\overline{\mathbf{w}}}_2(t) - \;\; r^2(t)\;\; \mathbf{xm}_2^{\mathsf{T}}\, \ddot{\overline{\mathbf{w}}}_2(t)$$

$$+ \ddot{\phi}\; \Big(L_1^2 r(t) + L_1 r^2(t) + \;\; \frac{1}{3} r^3(t) \Big) + \; \dot{\phi}\; \dot{r}(t)\;\; (L_1^2 + \;\; 2\;\, L_1 r(t) + r^2(t)) \Big)$$

$$+ \; \rho_2 I_{y_2} \Big(\Big(\ddot{\phi}\, r(t) + \; \dot{\phi}\; \dot{r}(t) \Big) + \; \overline{\overline{\mathbf{w}}}_1^{\prime\mathsf{T}}(L_1)\, \ddot{\overline{\mathbf{w}}}_1(t) r(t) + \; \overline{\overline{\mathbf{w}}}_1^{\prime\mathsf{T}}(L_1)\, \dot{\overline{\mathbf{w}}}_1(t)\, \dot{r}(t)$$

$$+ \; \mathbf{ms}_2^{\mathsf{T}}\; \ddot{\overline{\mathbf{w}}}_2(t) \Big)$$

T_4

$$\frac{\partial T_4}{\partial \dot{\phi}} \;=\; \frac{1}{2} m_l \Big(2\, \dot{\phi} \Big(\; \overline{\mathbf{w}}_1^{\mathsf{T}}(t)\; \overline{\overline{\mathbf{w}}}_1(L_1)\; \overline{\overline{\mathbf{w}}}_1^{\mathsf{T}}(L_1)\; \overline{\mathbf{w}}_1(t)$$

$$+\; 2\; \overline{\mathbf{w}}_1^{\mathsf{T}}(t)\; \overline{\overline{\mathbf{w}}}_1(L_1)\; \overline{\overline{\mathbf{w}}}_2^{\mathsf{T}}(r)\; \overline{\mathbf{w}}_2(t) + \;\; \overline{\mathbf{w}}_2^{\mathsf{T}}(t)\; \overline{\overline{\mathbf{w}}}_2(r)\; \overline{\overline{\mathbf{w}}}_2^{\mathsf{T}}(r)\; \overline{\mathbf{w}}_2(t) \Big)$$

$$-\; 2\; \overline{\overline{\mathbf{w}}}_1^{\mathsf{T}}(L_1)\; \dot{\overline{\mathbf{w}}}_1(t) \Big(L_1 + \;\; r(t) \Big) - \;\; 2\; \overline{\overline{\mathbf{w}}}_2^{\mathsf{T}}(r)\; \dot{\overline{\mathbf{w}}}_2(t) \Big(L_1 + \;\; r(t) \Big)$$

$$+\; 2\; \overline{\overline{\mathbf{w}}}_1^{\prime\mathsf{T}}(L_1)\; \dot{\overline{\mathbf{w}}}_1(t)\; (L_1 r(t) + \;\; r^2(t)) + \;\; 2\, \dot{\phi}\, \Big(L_1^2 + \;\; 2 L_1 r(t) + \;\; r^2(t) \Big) \Big)$$

$$+\; \frac{1}{2} J_{y_2} \Big(2\, \dot{\phi} + 2\; \overline{\overline{\mathbf{w}}}_1^{\prime\mathsf{T}}(L_1)\; \dot{\overline{\mathbf{w}}}_1(t) + 2\; \overline{\overline{\mathbf{w}}}_2^{\prime\mathsf{T}}(r)\; \dot{\overline{\mathbf{w}}}_2(t) \Big)$$

$$\frac{d}{dt} \;=\; m_l \Big(\; \ddot{\phi}\; \Big(\; \overline{\mathbf{w}}_1^{\mathsf{T}}(t)\; \overline{\overline{\mathbf{w}}}_1(L_1)\; \overline{\overline{\mathbf{w}}}_1^{\mathsf{T}}(L_1)\; \overline{\mathbf{w}}_1(t)$$

$$+ 2\, \overline{\mathbf{w}}_1^{\mathsf{T}}(t)\, \overline{\overline{\mathbf{w}}}_1(L_1)\, \overline{\overline{\mathbf{w}}}_2^{\mathsf{T}}(r)\, \overline{\mathbf{w}}_2(t) + \overline{\mathbf{w}}_2^{\mathsf{T}}(t)\, \overline{\overline{\mathbf{w}}}_2(r)\, \overline{\overline{\mathbf{w}}}_2^{\mathsf{T}}(r)\, \overline{\mathbf{w}}_2(t) \Big)$$

$$+ \dot{\phi} \Bigg(2\, \dot{\overline{\mathbf{w}}}_1^{\mathsf{T}}(t)\, \overline{\overline{\mathbf{w}}}_1(L_1)\, \overline{\overline{\mathbf{w}}}_1^{\mathsf{T}}(L_1)\, \overline{\mathbf{w}}_1(t) + 2 \Big[\dot{\overline{\mathbf{w}}}_1^{\mathsf{T}}(t)\, \overline{\overline{\mathbf{w}}}_1(L_1)\, \overline{\overline{\mathbf{w}}}_2^{\mathsf{T}}(r)\, \overline{\mathbf{w}}_2(t)$$

$$+ \overline{\overline{\mathbf{w}}}_1^{\mathsf{T}}(t)\, \overline{\overline{\mathbf{w}}}_1(L_1) \Big(\widetilde{\overline{\overline{\mathbf{w}}}}_2^{\mathsf{T}}(r)\, \overline{\mathbf{w}}_2(t) + \overline{\overline{\mathbf{w}}}_2^{\mathsf{T}}(r)\, \dot{\overline{\mathbf{w}}}_2(t) \Big) \Big]$$

$$+ 2 \Big(\dot{\overline{\mathbf{w}}}_2^{\mathsf{T}}(t)\, \overline{\overline{\mathbf{w}}}_2(r) + \overline{\mathbf{w}}_2^{\mathsf{T}}(t)\, \widetilde{\overline{\overline{\mathbf{w}}}}_2(r) \Big)\, \overline{\overline{\mathbf{w}}}_2^{\mathsf{T}}(r)\, \overline{\mathbf{w}}_2(t) \Bigg)$$

$$- \overline{\overline{\mathbf{w}}}_1^{\mathsf{T}}(L_1)\, \ddot{\overline{\mathbf{w}}}_1(t) \Big(L_1 + r(t) \Big) - \overline{\overline{\mathbf{w}}}_1^{\mathsf{T}}(L_1)\, \dot{\overline{\mathbf{w}}}_1(t)\, \dot{r}(t)$$

$$- \Big(\widetilde{\overline{\overline{\mathbf{w}}}}_2^{\mathsf{T}}(r)\, \dot{\overline{\mathbf{w}}}_2(t) + \overline{\overline{\mathbf{w}}}_2^{\mathsf{T}}(r)\, \ddot{\overline{\mathbf{w}}}_2(t) \Big) \Big(L_1 + r(t) \Big)$$

$$- \overline{\overline{\mathbf{w}}}_2^{\mathsf{T}}(r)\, \dot{\overline{\mathbf{w}}}_2(t)\, \dot{r}(t) + \overline{\overline{\mathbf{w}}}_1'^{\mathsf{T}}(L_1)\, \ddot{\overline{\mathbf{w}}}_1(t) \left(L_1 r(t) + r^2(t) \right)$$

$$+ \overline{\overline{\mathbf{w}}}_1'^{\mathsf{T}}(L_1)\, \dot{\overline{\mathbf{w}}}_1(t) \Big(L_1 \dot{r}(t) + 2 r(t)\, \dot{r}(t) \Big)$$

$$+ \ddot{\phi} \Big(L_1^2 + 2 L_1\, r(t) + r^2(t) \Big) + 2\, \dot{\phi}\, \dot{r}(t) \Big(L_1 + r(t) \Big) \Big)$$

$$+ J_{y_2} \Big(\ddot{\phi} + \overline{\overline{\mathbf{w}}}_1'^{\mathsf{T}}(L_1)\, \ddot{\overline{\mathbf{w}}}_1(t) + \overline{\overline{\mathbf{w}}}_2'^{\mathsf{T}}(r)\, \ddot{\overline{\mathbf{w}}}_2(t) + \widetilde{\overline{\overline{\mathbf{w}}}}_2'^{\mathsf{T}}(r)\, \dot{\overline{\mathbf{w}}}_2(t) \Big)$$

A.4.3 Ableitung der kinetischen Energie nach den elastischen Geschwindigkeiten

T_1

$$\frac{\partial T_1}{\partial\, \dot{\overline{\mathbf{w}}}_1} = \frac{1}{2} \rho_1 A_1 \left(2 \int_0^{L_1} \overline{\overline{\mathbf{w}}}_1(x_1)\, \overline{\overline{\mathbf{w}}}_1^{\mathsf{T}}(x_1)\, dx_1\ \dot{\overline{\mathbf{w}}}_1(t) - 2\, \dot{\phi} \int_0^{L_1} x_1\, \overline{\overline{\mathbf{w}}}_1(x_1)\, dx_1 \right)$$
$$+ \frac{1}{2} \rho_1 I_{y_1} \left(2\, \dot{\phi} \int_0^{L_1} \overline{\overline{\mathbf{w}}}_1'(x_1)\, dx_1 + \int_0^{L_1} \overline{\overline{\mathbf{w}}}_1'(x_1)\, \overline{\overline{\mathbf{w}}}_1'^{\mathsf{T}}(x_1)\, dx_1\ \dot{\overline{\mathbf{w}}}_1(t) \right)$$

$$\frac{d}{dt} = \rho_1 A_1 \left(\int_0^{L_1} \overline{\overline{\mathbf{w}}}_1(x_1)\, \overline{\overline{\mathbf{w}}}_1^{\mathsf{T}}(x_1)\, dx_1\ \ddot{\overline{\mathbf{w}}}_1(t) - \ddot{\phi} \int_0^{L_1} x_1\, \overline{\overline{\mathbf{w}}}_1(x_1)\, dx_1 \right)$$

$$+\rho_1 I_{y_1}\left(\ddot{\phi}\int_0^{L_1}\overline{\overline{\mathbf{w}}}_1'(x_1)\,dx_1 + \int_0^{L_1}\overline{\overline{\mathbf{w}}}_1'(x_1)\,\overline{\overline{\mathbf{w}}}_1'^{\mathsf{T}}(x_1)\,dx_1\;\ddot{\mathbf{w}}_1(t)\right)$$

$$= \rho_1 A_1\left(L_1\,\mathbf{M}_1\,\ddot{\mathbf{w}}_1(t) - \ddot{\phi}\,L_1^2\,\mathbf{xm}_1\right) + \rho_1 I_{y_1}\left(\ddot{\phi}\;\mathbf{ms}_1 + \frac{1}{L_1}\,\mathbf{MS}_1\,\ddot{\mathbf{w}}_1(t)\right)$$

$$= m_1\left(\mathbf{M}_1\,\ddot{\mathbf{w}}_1(t) - \ddot{\phi}\,L_1\,\mathbf{xm}_1\right) + \rho_1 I_{y_1}\left(\ddot{\phi}\;\mathbf{ms}_1 + \frac{1}{L_1}\,\mathbf{MS}_1\,\ddot{\mathbf{w}}_1(t)\right)$$

T_2

$$\frac{\partial T_2}{\partial\,\dot{\mathbf{w}}_1} = \frac{1}{2}\rho_2 A_2(L_2-r)\Big(2\,\overline{\overline{\mathbf{w}}}_1(s_2(t))\,\overline{\overline{\mathbf{w}}}_1^{\mathsf{T}}(s_2(t))\,\dot{\mathbf{w}}_1(t) - 2\,\dot{\phi}\;s_2(t)\,\overline{\overline{\mathbf{w}}}_1(s_2(t))\Big)$$
$$+\frac{1}{2}\rho_2 I_{y_2}(L_2-r)\left(2\,\dot{\phi}\;\overline{\overline{\mathbf{w}}}_1'(s_2(t)) + 2\,\overline{\overline{\mathbf{w}}}_1'(s_2(t))\,\overline{\overline{\mathbf{w}}}_1'^{\mathsf{T}}(s_2(t))\,\dot{\mathbf{w}}_1(t)\right)$$

$$\frac{d}{dt} = \rho_2 A_2\Bigg((-\dot{r}(t))\Big(\overline{\overline{\mathbf{w}}}_1(s_2(t))\,\overline{\overline{\mathbf{w}}}_1^{\mathsf{T}}(s_2(t))\,\dot{\mathbf{w}}_1(t) - \dot{\phi}\;s_2(t)\,\overline{\overline{\mathbf{w}}}_1(s_2(t))\Big)$$
$$+(L_2-r)\left(\overline{\overline{\mathbf{w}}}_1(s_2(t))\,\overline{\overline{\mathbf{w}}}_1^{\mathsf{T}}(s_2(t))\,\ddot{\mathbf{w}}_1(t) - \left(\ddot{\phi}\;s_2(t) + \dot{\phi}\,\dot{r}(t)\right)\overline{\overline{\mathbf{w}}}_1(s_2(t))\right)\Bigg)$$
$$+\rho_2 I_{y_2}\Bigg((-\dot{r}(t))\left(\dot{\phi}\;\overline{\overline{\mathbf{w}}}_1'(s_2(t)) + \overline{\overline{\mathbf{w}}}_1'(s_2(t))\,\overline{\overline{\mathbf{w}}}_1'^{\mathsf{T}}(s_2(t))\,\dot{\mathbf{w}}_1(t)\right)$$
$$+(L_2-r)\left(\ddot{\phi}\;\overline{\overline{\mathbf{w}}}_1'(s_2(t)) + \overline{\overline{\mathbf{w}}}_1'(s_2(t))\,\overline{\overline{\mathbf{w}}}_1'^{\mathsf{T}}(s_2(t))\,\ddot{\mathbf{w}}_1(t)\right)\Bigg)$$

T_3

$$\frac{\partial T_3}{\partial\,\dot{\mathbf{w}}_1} = \frac{1}{2}\rho_2 A_2\Bigg(2r(t)\,\overline{\overline{\mathbf{w}}}_1(L_1)\,\overline{\overline{\mathbf{w}}}_1^{\mathsf{T}}(L_1)\,\dot{\mathbf{w}}_1(t) + 2\,\overline{\overline{\mathbf{w}}}_1(L_1)\int_0^{r(t)}\overline{\overline{\mathbf{w}}}_2^{\mathsf{T}}(x_2)\,dx_2\;\dot{\mathbf{w}}_2(t)$$
$$+2\,\overline{\overline{\mathbf{w}}}_1'(L_1)\,\overline{\overline{\mathbf{w}}}_1'^{\mathsf{T}}(L_1)\,\dot{\mathbf{w}}_1(t)\,\frac{1}{3}r^3(t) - 2\,\overline{\overline{\mathbf{w}}}_1'(L_1)\int_0^{r(t)}x_2\,\overline{\overline{\mathbf{w}}}_2^{\mathsf{T}}(x_2)\,dx_2\;\dot{\mathbf{w}}_2(t)$$
$$-4\,\overline{\overline{\mathbf{w}}}_1'(L_1)\,\overline{\overline{\mathbf{w}}}_1(L_1)^{\mathsf{T}}(L_1)\,\dot{\mathbf{w}}_1(t)\,\frac{1}{2}r^2(t) + 2\,\overline{\overline{\mathbf{w}}}_1'(L_1)\,\dot{\phi}\left(\frac{1}{2}L_1 r^2(t) + \frac{1}{3}r^3(t)\right)$$
$$-2\left(L_1\,r(t) + \frac{1}{2}r^2(t)\right)\dot{\phi}\;\overline{\overline{\mathbf{w}}}_1(L_1)\Bigg) + \frac{1}{2}\rho_2 I_{y_2}\Big(2\,r(t)\,\dot{\phi}\;\overline{\overline{\mathbf{w}}}_1'(L_1)$$

$$+ 2\, r(t)\, \overline{\overline{\mathbf{w}}}_1'(L_1)\, \overline{\overline{\mathbf{w}}}_1'^{\mathsf{T}}(L_1)\, \dot{\mathbf{w}}_1(t) + 2\, \overline{\overline{\mathbf{w}}}_1'(L_1) \int\limits_0^{r(t)} \overline{\overline{\mathbf{w}}}_2'^{\mathsf{T}}(x_2)\, dx_2\, \dot{\mathbf{w}}_2(t)\Big)$$

$$\begin{aligned}
\frac{d}{dt} \;=\; & \rho_2 A_2 \Big(\dot{r}(t)\, \overline{\overline{\mathbf{w}}}_1(L_1)\, \overline{\overline{\mathbf{w}}}_1^{\mathsf{T}}(L_1)\, \dot{\mathbf{w}}_1(t) \\
& + r(t)\, \overline{\overline{\mathbf{w}}}_1(L_1)\, \overline{\overline{\mathbf{w}}}_1^{\mathsf{T}}(L_1)\, \ddot{\mathbf{w}}_1(t) + \overline{\overline{\mathbf{w}}}_1(L_1)\Big(\dot{r}(t)\, \mathbf{m}_2^{\mathsf{T}}\, \dot{\mathbf{w}}_2(t) \\
& + r(t)\, \mathbf{m}_2^{\mathsf{T}}\, \ddot{\mathbf{w}}_2(t)\Big) + \overline{\overline{\mathbf{w}}}_1'(L_1)\, \overline{\overline{\mathbf{w}}}_1'^{\mathsf{T}}(L_1)\, \ddot{\mathbf{w}}_1(t)\, \frac{1}{3} r^3(t) \\
& + \overline{\overline{\mathbf{w}}}_1'(L_1)\, \overline{\overline{\mathbf{w}}}_1'^{\mathsf{T}}(L_1)\, \dot{\mathbf{w}}_1(t)\, \dot{r}(t)\, r^2(t) - \overline{\overline{\mathbf{w}}}_1'(L_1)\, \mathbf{xm}_2^{\mathsf{T}}\, \dot{\mathbf{w}}_2(t) 2\, \dot{r}(t)\, r(t) \\
& - \overline{\overline{\mathbf{w}}}_1'(L_1)\, \mathbf{xm}_2^{\mathsf{T}}\, \ddot{\mathbf{w}}_2(t) r^2(t) - \overline{\overline{\mathbf{w}}}_1'(L_1)\, \overline{\overline{\mathbf{w}}}_1^{\mathsf{T}}(L_1)\, \ddot{\mathbf{w}}_1(t) r^2(t) \\
& - \overline{\overline{\mathbf{w}}}_1'(L_1)\, \overline{\overline{\mathbf{w}}}_1^{\mathsf{T}}(L_1)\, \dot{\mathbf{w}}_1(t) 2\, \dot{r}(t)\, r(t) + \overline{\overline{\mathbf{w}}}_1'(L_1)\, \ddot{\phi} \Big(\frac{1}{2} L_1 r^2(t) + \frac{1}{3} r^3(t)\Big) \\
& + \overline{\overline{\mathbf{w}}}_1'(L_1)\, \dot{\phi}\, \dot{r}(t)\, r(t) \Big(L_1 + r(t)\Big) - \overline{\overline{\mathbf{w}}}_1(L_1)\, \ddot{\phi} \Big(L_1 r(t) + \frac{1}{2} r^2(t)\Big) \\
& - \overline{\overline{\mathbf{w}}}_1(L_1)\, \dot{\phi}\, \dot{r}(t) \Big(L_1 + r(t)\Big)\Big) \\
& + \rho_2 I_{y_2} \Big(\overline{\overline{\mathbf{w}}}_1'(L_1)\Big(\ddot{\phi}\, r(t) + \dot{\phi}\, \dot{r}(t)\Big) + \dot{r}(t)\, \overline{\overline{\mathbf{w}}}_1'(L_1)\, \overline{\overline{\mathbf{w}}}_1'^{\mathsf{T}}(L_1)\, \dot{\mathbf{w}}_1(t) \\
& + r(t)\, \overline{\overline{\mathbf{w}}}_1'(L_1)\, \overline{\overline{\mathbf{w}}}_1'^{\mathsf{T}}(L_1)\, \ddot{\mathbf{w}}_1(t) + \overline{\overline{\mathbf{w}}}_1'(L_1)\, \mathbf{ms}_2^{\mathsf{T}}\, \ddot{\mathbf{w}}_2(t)\Big)
\end{aligned}$$

$$\begin{aligned}
\frac{\partial T_3}{\partial\, \dot{\mathbf{w}}_2} \;=\; & \frac{1}{2} \rho_2 A_2 \Big(2\, \dot{\mathbf{w}}_1^{\mathsf{T}}(t)\, \overline{\overline{\mathbf{w}}}_1(L_1) \int\limits_0^{r(t)} \overline{\overline{\mathbf{w}}}_2^{\mathsf{T}}(x_2)\, dx_2 \\
& - 2\, L_1\, \dot{\phi} \int\limits_0^{r(t)} \overline{\overline{\mathbf{w}}}_2(x_2)\, dx_2 - 2\, \dot{\phi} \int\limits_0^{r(t)} x_2\, \overline{\overline{\mathbf{w}}}_2(x_2)\, dx_2 \\
& - 2\, \overline{\overline{\mathbf{w}}}_1'^{\mathsf{T}}(L_1)\, \dot{\mathbf{w}}_1(t) \int\limits_0^{r(t)} x_2\, \overline{\overline{\mathbf{w}}}_2(x_2)\, dx_2 + 2 \int\limits_0^{r(t)} \overline{\overline{\mathbf{w}}}_2(x_2)\, \overline{\overline{\mathbf{w}}}_2^{\mathsf{T}}(x_2)\, dx_2\, \dot{\mathbf{w}}_2(t)\Big) \\
& + \frac{1}{2} \rho_2 I_{y_2} \Big(2\, \dot{\phi} \int\limits_0^{r(t)} \overline{\overline{\mathbf{w}}}_2'(x_2)\, dx_2 + 2 \int\limits_0^{r(t)} \overline{\overline{\mathbf{w}}}_2'(x_2)\, \overline{\overline{\mathbf{w}}}_2'^{\mathsf{T}}(x_2)\, dx_2\, \dot{\mathbf{w}}_2(t)
\end{aligned}$$

$$+2\ \overline{\overline{\mathbf{w}}}_1'^{\mathsf{T}}(L_1)\,\dot{\mathbf{w}}_1(t)\int\limits_0^{r(t)}\overline{\overline{\mathbf{w}}}_2'^{\mathsf{T}}(x_2)\,dx_2\Big)$$

$$\begin{aligned}\frac{d}{dt} &= \rho_2 A_2\Big(\ \mathbf{m}_2\,\overline{\overline{\mathbf{w}}}_1^{\mathsf{T}}(L_1)\Big(r(t)\,\ddot{\mathbf{w}}_1(t)+\dot r(t)\ \dot{\mathbf{w}}_1(t)\Big)-\ L_1\Big(\ddot\phi\,r(t)\ \mathbf{m}_2-\dot\phi\ \dot r(t)\ \mathbf{m}_2\Big)\\ &\quad -\ddot\phi\,r^2(t)\ \mathbf{xm}_2-2\,\dot\phi\ \dot r(t)\,r(t)\ \mathbf{xm}_2-\ \mathbf{xm}_2\,\overline{\overline{\mathbf{w}}}_1'^{\mathsf{T}}(L_1)\,\dot{\mathbf{w}}_1(t)2\,\dot r(t)\,r(t)\\ &\quad -\ \mathbf{xm}_2\,\overline{\overline{\mathbf{w}}}_1'^{\mathsf{T}}(L_1)\,\ddot{\mathbf{w}}_1(t)r^2(t)+\dot r(t)\ \mathbf{M}_2\,\dot{\mathbf{w}}_2(t)+r(t)\ \mathbf{M}_2\,\ddot{\mathbf{w}}_2(t)\Big)\\ &\quad +\rho_2 I_{y_2}\Big(\ddot\phi\ \mathbf{ms}_2-\frac{\dot r(t)}{r^2(t)}\ \mathbf{MS}_2\,\dot{\mathbf{w}}_2(t)+\frac{1}{r(t)}\ \mathbf{MS}_2\,\ddot{\mathbf{w}}_2(t)+\ \mathbf{ms}_2\,\overline{\overline{\mathbf{w}}}_1'^{\mathsf{T}}(L_1)\,\ddot{\mathbf{w}}_1(t)\Big)\end{aligned}$$

T_4

$$\begin{aligned}\frac{\partial T_4}{\partial\,\dot{\mathbf{w}}_1} &= \frac{1}{2}m_l\Big(2\,\overline{\overline{\mathbf{w}}}_1(L_1)\,\overline{\overline{\mathbf{w}}}_1^{\mathsf{T}}(L_1)\,\dot{\mathbf{w}}_1(t)+\ 2\,\overline{\overline{\mathbf{w}}}_1(L_1)\,\overline{\overline{\mathbf{w}}}_2^{\mathsf{T}}(r)\,\dot{\mathbf{w}}_2(t)\\ &\quad +2\,\overline{\overline{\mathbf{w}}}_1'(L_1)\,\overline{\overline{\mathbf{w}}}_1'^{\mathsf{T}}(L_1)\,\dot{\mathbf{w}}_1(t)r^2(t)-2\,\overline{\overline{\mathbf{w}}}_1'(L_1)r(t)\,\overline{\overline{\mathbf{w}}}_2^{\mathsf{T}}(r)\,\dot{\mathbf{w}}_2(t)\\ &\quad -\ 4\,\overline{\overline{\mathbf{w}}}_1'(L_1)\,\overline{\overline{\mathbf{w}}}_1^{\mathsf{T}}(L_1)\,\dot{\mathbf{w}}_1(t)r(t)+\ 2\,\overline{\overline{\mathbf{w}}}_1'(L_1)\,\dot\phi\,\Big(L_1 r(t)+r^2(t)\Big)\\ &\quad -\ 2\,\overline{\overline{\mathbf{w}}}_1(L_1)\Big(L_1+r(t)\Big)\,\dot\phi\Big)\\ &\quad +\ \frac{1}{2}J_{y_2}\Big(2\,\dot\phi\ \overline{\overline{\mathbf{w}}}_1'(L_1)+\ 2\,\overline{\overline{\mathbf{w}}}_1'(L_1)\,\overline{\overline{\mathbf{w}}}_1'^{\mathsf{T}}(L_1)\,\dot{\mathbf{w}}_1(t)+2\ \overline{\overline{\mathbf{w}}}_1'(L_1)\,\overline{\overline{\mathbf{w}}}_2'^{\mathsf{T}}(r)\,\dot{\mathbf{w}}_2(t)\Big)\end{aligned}$$

$$\begin{aligned}\frac{d}{dt} &= m_l\Big(\ \overline{\overline{\mathbf{w}}}_1(L_1)\,\overline{\overline{\mathbf{w}}}_1^{\mathsf{T}}(L_1)\,\ddot{\mathbf{w}}_1(t)+\ \overline{\overline{\mathbf{w}}}_1(L_1)\Big(\widetilde{\overline{\overline{\mathbf{w}}}}_2^{\mathsf{T}}(r)\,\dot{\mathbf{w}}_2(t)+\ \overline{\overline{\mathbf{w}}}_2^{\mathsf{T}}(r)\,\ddot{\mathbf{w}}_2(t)\Big)\\ &\quad +\ \overline{\overline{\mathbf{w}}}_1'(L_1)\,\overline{\overline{\mathbf{w}}}_1'^{\mathsf{T}}(L_1)\,\ddot{\mathbf{w}}_1(t)r^2(t)+\ \overline{\overline{\mathbf{w}}}_1'(L_1)\,\overline{\overline{\mathbf{w}}}_1'^{\mathsf{T}}(L_1)\,\dot{\mathbf{w}}_1(t)2\,\dot r(t)\,r(t)\\ &\quad -\ \overline{\overline{\mathbf{w}}}_1'(L_1)\Big(\Big(\dot r(t)\ \overline{\overline{\mathbf{w}}}_2^{\mathsf{T}}(r)+r(t)\,\widetilde{\overline{\overline{\mathbf{w}}}}_2^{\mathsf{T}}(r)\Big)\,\dot{\mathbf{w}}_2(t)+\ r(t)\ \overline{\overline{\mathbf{w}}}_2^{\mathsf{T}}(r)\,\ddot{\mathbf{w}}_2(t)\Big)\\ &\quad -2\,\overline{\overline{\mathbf{w}}}_1'(L_1)\,\overline{\overline{\mathbf{w}}}_1^{\mathsf{T}}(L_1)\,\ddot{\mathbf{w}}_1(t)r(t)-2\,\overline{\overline{\mathbf{w}}}_1'(L_1)\,\overline{\overline{\mathbf{w}}}_1^{\mathsf{T}}(L_1)\,\dot{\mathbf{w}}_1(t)\,\dot r(t)\\ &\quad +\ \overline{\overline{\mathbf{w}}}_1'(L_1)\,\ddot\phi\,\Big(L_1 r(t)+\ r^2(t)\Big)+\ \overline{\overline{\mathbf{w}}}_1'(L_1)\,\dot\phi\ \dot r(t)\,\Big(L_1+\ 2r(t)\Big)\end{aligned}$$

$$- \overline{\overline{\mathbf{w}}}_1(L_1)\Big(\dot{r}(t) \;\; \dot{\phi} + \Big(L_1 + r(t)\Big)\, \ddot{\phi} \Big)\Bigg)$$

$$+ J_{y_2}\Bigg(\ddot{\phi}\; \overline{\overline{\mathbf{w}}}'_1(L_1) + \overline{\overline{\mathbf{w}}}'_1(L_1)\, \overline{\overline{\mathbf{w}}}'^{\mathsf{T}}_1(L_1)\, \ddot{\mathbf{w}}_1(t)$$

$$+ \overline{\overline{\mathbf{w}}}'_1(L_1)\Big(\widetilde{\overline{\overline{\mathbf{w}}}}'^{\mathsf{T}}_2(r)\, \dot{\mathbf{w}}_2(t) + \overline{\overline{\mathbf{w}}}'^{\mathsf{T}}_2(r)\, \ddot{\mathbf{w}}_2(t)\Big)\Bigg)$$

$$\frac{\partial T_4}{\partial\, \dot{\mathbf{w}}_2} = \frac{1}{2} m_l \Bigg(2\, \overline{\overline{\mathbf{w}}}^{\mathsf{T}}_1(L_1)\, \dot{\mathbf{w}}_1(t)\, \overline{\overline{\mathbf{w}}}^{\mathsf{T}}_2(r) + 2\, \overline{\overline{\mathbf{w}}}_2(r)\, \overline{\overline{\mathbf{w}}}^{\mathsf{T}}_2(r)\, \dot{\mathbf{w}}_2(t)$$

$$- 2\, \overline{\overline{\mathbf{w}}}'^{\mathsf{T}}_1(L_1)\, \dot{\mathbf{w}}_1(t) r(t)\, \overline{\overline{\mathbf{w}}}_2(r) - 2\Big(L_1 + r(t)\Big)\, \dot{\phi}\; \overline{\overline{\mathbf{w}}}_2(r)\Bigg)$$

$$+ \frac{1}{2} J_{y_2}\Big(2\, \dot{\phi}\; \overline{\overline{\mathbf{w}}}'_2(r) + 2\, \overline{\overline{\mathbf{w}}}'_2(r)\, \overline{\overline{\mathbf{w}}}'^{\mathsf{T}}_2(r)\, \dot{\mathbf{w}}_2(t) + 2\; \overline{\overline{\mathbf{w}}}'_2(r)\, \overline{\overline{\mathbf{w}}}'^{\mathsf{T}}_1(L_1)\, \dot{\mathbf{w}}_1(t)\Big)$$

$$\frac{d}{dt} = m_l \Bigg(\overline{\overline{\mathbf{w}}}_2(r)\, \overline{\overline{\mathbf{w}}}^{\mathsf{T}}_1(L_1)\, \ddot{\mathbf{w}}_1(t) + \widetilde{\overline{\overline{\mathbf{w}}}}_2(r)\, \overline{\overline{\mathbf{w}}}^{\mathsf{T}}_1(L_1)\, \dot{\mathbf{w}}_1(t)$$

$$+ 2\, \widetilde{\overline{\overline{\mathbf{w}}}}_2(r)\, \overline{\overline{\mathbf{w}}}^{\mathsf{T}}_2(r)\, \dot{\mathbf{w}}_2(t) + \overline{\overline{\mathbf{w}}}_2(r)\, \overline{\overline{\mathbf{w}}}^{\mathsf{T}}_2(r)\, \ddot{\mathbf{w}}_2(t)$$

$$- r(t)\, \overline{\overline{\mathbf{w}}}_2(r)\, \overline{\overline{\mathbf{w}}}'^{\mathsf{T}}_1(L_1) - \Big(\dot{r}(t)\; \overline{\overline{\mathbf{w}}}_2(r) + r(t)\, \widetilde{\overline{\overline{\mathbf{w}}}}_2(r)\Big)\, \overline{\overline{\mathbf{w}}}'^{\mathsf{T}}_1\, \dot{\mathbf{w}}_1(t)$$

$$-\Big(\dot{r}(t) \;\; \dot{\phi} + \Big(L_1 + r(t)\Big)\, \ddot{\phi} \Big)\, \overline{\overline{\mathbf{w}}}_2(r) - \Big(L_1 + r(t)\Big)\, \dot{\phi}\; \overline{\overline{\mathbf{w}}}'_2(r)\Bigg)$$

$$+ J_{y_2}\Bigg(\ddot{\phi}\; \overline{\overline{\mathbf{w}}}'_2(r) + \dot{\phi}\; \widetilde{\overline{\overline{\mathbf{w}}}}'_2(r) + 2\, \widetilde{\overline{\overline{\mathbf{w}}}}'_2(r)\, \overline{\overline{\mathbf{w}}}'^{\mathsf{T}}_2(r)\, \dot{\mathbf{w}}_2(t)$$

$$+ \overline{\overline{\mathbf{w}}}'_2(r)\, \overline{\overline{\mathbf{w}}}'^{\mathsf{T}}_2(r)\, \ddot{\mathbf{w}}_2(t) + \overline{\overline{\mathbf{w}}}'_2(r)\, \overline{\overline{\mathbf{w}}}'^{\mathsf{T}}_1(L_1)\, \ddot{\mathbf{w}}_1(t) + \widetilde{\overline{\overline{\mathbf{w}}}}'_2(r)\, \overline{\overline{\mathbf{w}}}'^{\mathsf{T}}_1(L_1)\, \dot{\mathbf{w}}_1(t)\Bigg)$$

A.4.4 Ableitung der kinetischen Energien nach den Positionen

Auf die Darstellung dieser Terme wird verzichtet, da sich nur Terme ergeben, die von dem Quadrat der Drehgeschwindigkeit $\dot{\phi}^2(t)$ abhängen. Zur Vernachlässigung der Zentrifugalterme gibt es praktische Untersuchungen [39], die besagen, daß bei einer Drehgeschwindigkeit von $\dot{\phi}(t) \leq 5\ rad/s$ kaum ein relevanter Einfluß dieser Kräfte erkennbar wird.

A.4.5 Ableitung der potentiellen Energie nach den Positionen

$$\frac{\partial V_{11}}{\partial \overline{\mathbf{w}}_1} = EI_{y_1} \int_0^{L_1} \overline{\overline{\mathbf{w}}}_1''(x_1)\, \overline{\overline{\mathbf{w}}}_1''^{\top}(x_1)\, dx_1 \;\overline{\mathbf{w}}_1(t) = \frac{EI_{y_1}}{L_1^3}\, \mathbf{MSS}_1\, \overline{\mathbf{w}}_1(t)$$

$$\frac{\partial V_{12}}{\partial \overline{\mathbf{w}}_2} = EI_{y_2} \int_0^{r(t)} \overline{\overline{\mathbf{w}}}_2''(x_2)\, \overline{\overline{\mathbf{w}}}_2''^{\top}(x_2)\, dx_2 \;\overline{\mathbf{w}}_2(t) = \frac{EI_{y_2}}{r^3(t)}\, \mathbf{MSS}_2\, \overline{\mathbf{w}}_2(t)$$

A.5 Systembeschreibungen der Betriebsfälle

Betriebsfall 1

Systemmatrix A

COLUMN 1	COLUMN 2	COLUMN 3	COLUMN 4	COLUMN 5
0.00000D-01	0.00000D-01	0.00000D-01	0.00000D-01	0.00000D-01
0.00000D-01	0.00000D-01	0.00000D-01	0.00000D-01	0.00000D-01
0.00000D-01	0.00000D-01	0.00000D-01	0.00000D-01	0.00000D-01
0.00000D-01	0.00000D-01	0.00000D-01	0.00000D-01	0.00000D-01
0.00000D-01	0.00000D-01	0.00000D-01	0.00000D-01	0.00000D-01
0.00000D-01	0.00000D-01	0.00000D-01	0.00000D-01	0.00000D-01
0.00000D-01	0.00000D-01	-1.54429D+04	-2.58233D+05	-6.90603D+04
0.00000D-01	0.00000D-01	-6.52755D+04	-7.21151D+05	3.94658D+05
0.00000D-01	0.00000D-01	-1.83615D+04	-1.46959D+06	-1.66360D+04
0.00000D-01	0.00000D-01	3.43177D+04	-5.68151D+04	-8.89936D+05

COLUMN 6	COLUMN 7	COLUMN 8	COLUMN 9	COLUMN 10
1.00000D+00	0.00000D-01	0.00000D-01	0.00000D-01	0.00000D-01
0.00000D-01	1.00000D+00	0.00000D-01	0.00000D-01	0.00000D-01
0.00000D-01	0.00000D-01	1.00000D+00	0.00000D-01	0.00000D-01
0.00000D-01	0.00000D-01	0.00000D-01	1.00000D+00	0.00000D-01
0.00000D-01	0.00000D-01	0.00000D-01	0.00000D-01	1.00000D+00
0.00000D-01	0.00000D-01	0.00000D-01	0.00000D-01	0.00000D-01
0.00000D-01	0.00000D-01	-1.54429D+00	-2.58233D+01	-6.90603D+00
0.00000D-01	0.00000D-01	-6.52755D+00	-7.21151D+01	3.94658D+01
0.00000D-01	0.00000D-01	-1.83615D+00	-1.46959D+02	-1.66360D+00
0.00000D-01	0.00000D-01	3.43177D+00	-5.68151D+00	-8.89936D+01

Eingangsmatrix B

0.00000D-01	0.00000D-01
0.00000D-01	0.00000D-01
0.00000D-01	0.00000D-01
0.00000D-01	0.00000D-01
0.00000D-01	0.00000D-01
3.87597D-01	0.00000D-01
0.00000D-01	1.10835D-01
0.00000D-01	7.66200D-02
0.00000D-01	3.26217D-02
0.00000D-01	2.97946D-02

Betriebsfall 2

Systemmatrix A

COLUMN 1	COLUMN 2	COLUMN 3	COLUMN 4	COLUMN 5
0.00000D-01	0.00000D-01	0.00000D-01	0.00000D-01	0.00000D-01
0.00000D-01	0.00000D-01	0.00000D-01	0.00000D-01	0.00000D-01
0.00000D-01	0.00000D-01	0.00000D-01	0.00000D-01	0.00000D-01
0.00000D-01	0.00000D-01	0.00000D-01	0.00000D-01	0.00000D-01
0.00000D-01	0.00000D-01	0.00000D-01	0.00000D-01	0.00000D-01
0.00000D-01	0.00000D-01	0.00000D-01	0.00000D-01	0.00000D-01
0.00000D-01	0.00000D-01	-1.61964D+04	-3.05589D+05	-6.73129D+04
0.00000D-01	0.00000D-01	-6.47560D+04	-9.75427D+05	3.59543D+05
0.00000D-01	0.00000D-01	-2.48357D+04	-1.23238D+06	5.39732D+04
0.00000D-01	0.00000D-01	3.12643D+04	1.84329D+05	-5.80787D+05

COLUMN 6	COLUMN 7	COLUMN 8	COLUMN 9	COLUMN 10
1.00000D+00	0.00000D-01	0.00000D-01	0.00000D-01	0.00000D-01
0.00000D-01	1.00000D+00	0.00000D-01	0.00000D-01	0.00000D-01
0.00000D-01	0.00000D-01	1.00000D+00	0.00000D-01	0.00000D-01
0.00000D-01	0.00000D-01	0.00000D-01	1.00000D+00	0.00000D-01
0.00000D-01	0.00000D-01	0.00000D-01	0.00000D-01	1.00000D+00
0.00000D-01	0.00000D-01	0.00000D-01	0.00000D-01	0.00000D-01
0.00000D-01	0.00000D-01	-1.61964D+00	-3.05589D+01	-6.73129D+00
0.00000D-01	0.00000D-01	-6.47560D+00	-9.75427D+01	3.59543D+01
0.00000D-01	0.00000D-01	-2.48357D+00	-1.23238D+02	5.39732D+00
0.00000D-01	0.00000D-01	3.12643D+00	1.84329D+01	-5.80787D+01

Eingangsmatrix B

0.00000D-01	0.00000D-01
0.00000D-01	0.00000D-01
0.00000D-01	0.00000D-01
0.00000D-01	0.00000D-01
0.00000D-01	0.00000D-01
2.79330D-01	0.00000D-01
0.00000D-01	1.11689D-01

```
0.00000D-01   8.04213D-02
0.00000D-01   3.86365D-02
0.00000D-01   2.89489D-02
```

Betriebsfall 3

Systemmatrix A

```
 COLUMN  1     COLUMN  2     COLUMN  3     COLUMN  4     COLUMN  5

0.00000D-01   0.00000D-01   0.00000D-01   0.00000D-01   0.00000D-01
0.00000D-01   0.00000D-01   0.00000D-01   0.00000D-01   0.00000D-01
0.00000D-01   0.00000D-01   0.00000D-01   0.00000D-01   0.00000D-01
0.00000D-01   0.00000D-01   0.00000D-01   0.00000D-01   0.00000D-01
0.00000D-01   0.00000D-01   0.00000D-01   0.00000D-01   0.00000D-01
0.00000D-01   0.00000D-01   0.00000D-01   0.00000D-01   0.00000D-01
0.00000D-01   0.00000D-01  -1.48918D+04  -2.66176D+05  -9.58571D+02
0.00000D-01   0.00000D-01  -6.76577D+04  -1.25235D+06   8.01333D+03
0.00000D-01   0.00000D-01  -3.18865D+04  -1.04780D+06   7.16709D+03
0.00000D-01   0.00000D-01   6.34963D+04   2.23047D+06  -2.36570D+04

 COLUMN  6     COLUMN  7     COLUMN  8     COLUMN  9     COLUMN 10

1.00000D+00   0.00000D-01   0.00000D-01   0.00000D-01   0.00000D-01
0.00000D-01   1.00000D+00   0.00000D-01   0.00000D-01   0.00000D-01
0.00000D-01   0.00000D-01   1.00000D+00   0.00000D-01   0.00000D-01
0.00000D-01   0.00000D-01   0.00000D-01   1.00000D+00   0.00000D-01
0.00000D-01   0.00000D-01   0.00000D-01   0.00000D-01   1.00000D+00
0.00000D-01   0.00000D-01   0.00000D-01   0.00000D-01   0.00000D-01
0.00000D-01   0.00000D-01  -1.48918D+00  -2.66176D+01  -9.58571D-02
0.00000D-01   0.00000D-01  -6.76577D+00  -1.25235D+02   8.01333D-01
0.00000D-01   0.00000D-01  -3.18865D+00  -1.04780D+02   7.16709D-01
0.00000D-01   0.00000D-01   6.34963D+00   2.23047D+02  -2.36570D+00
```

Eingangsmatrix B

```
0.00000D-01   0.00000D-01
0.00000D-01   0.00000D-01
0.00000D-01   0.00000D-01
0.00000D-01   0.00000D-01
0.00000D-01   0.00000D-01
3.87597D-01   0.00000D-01
0.00000D-01   1.06464D-01
0.00000D-01   7.38858D-02
0.00000D-01   3.36251D-02
0.00000D-01   3.76853D-02
```

Betriebsfall 4

Systemmatrix A

COLUMN 1	COLUMN 2	COLUMN 3	COLUMN 4	COLUMN 5
0.00000D-01	0.00000D-01	0.00000D-01	0.00000D-01	0.00000D-01
0.00000D-01	0.00000D-01	0.00000D-01	0.00000D-01	0.00000D-01
0.00000D-01	0.00000D-01	0.00000D-01	0.00000D-01	0.00000D-01
0.00000D-01	0.00000D-01	0.00000D-01	0.00000D-01	0.00000D-01
0.00000D-01	0.00000D-01	0.00000D-01	0.00000D-01	0.00000D-01
0.00000D-01	0.00000D-01	0.00000D-01	0.00000D-01	0.00000D-01
0.00000D-01	0.00000D-01	-6.88889D+03	-9.49259D+04	-2.02483D+03
0.00000D-01	0.00000D-01	-3.07982D+04	-4.42966D+05	2.61829D+03
0.00000D-01	0.00000D-01	-1.12785D+04	-4.18947D+05	2.87266D+03
0.00000D-01	0.00000D-01	2.07469D+04	8.94000D+05	-1.19850D+04

COLUMN 6	COLUMN 7	COLUMN 8	COLUMN 9	COLUMN 10
1.00000D+00	0.00000D-01	0.00000D-01	0.00000D-01	0.00000D-01
0.00000D-01	1.00000D+00	0.00000D-01	0.00000D-01	0.00000D-01
0.00000D-01	0.00000D-01	1.00000D+00	0.00000D-01	0.00000D-01
0.00000D-01	0.00000D-01	0.00000D-01	1.00000D+00	0.00000D-01
0.00000D-01	0.00000D-01	0.00000D-01	0.00000D-01	1.00000D+00
0.00000D-01	0.00000D-01	0.00000D-01	0.00000D-01	0.00000D-01
0.00000D-01	0.00000D-01	-6.88889D-01	-9.49259D+00	-2.02483D-01
0.00000D-01	0.00000D-01	-3.07982D+00	-4.42966D+01	2.61829D-01
0.00000D-01	0.00000D-01	-1.12785D+00	-4.18947D+01	2.87266D-01
0.00000D-01	0.00000D-01	2.07469D+00	8.94000D+01	-1.19850D+00

Eingangsmatrix B

0.00000D-01	0.00000D-01
0.00000D-01	0.00000D-01
0.00000D-01	0.00000D-01
0.00000D-01	0.00000D-01
0.00000D-01	0.00000D-01
2.79330D-01	0.00000D-01
0.00000D-01	9.76140D-02
0.00000D-01	3.41876D-02
0.00000D-01	1.20055D-02
0.00000D-01	7.95557D-02

A.6 Eigenwerte der Betriebsfälle

```
***************************************************************************

    EIGEN-VALUES  BETRIEBSFALL 1

     REAL PART            IMAGINARY PART     ABS. VALUE        ZETA

      0.00000E-01          0.00000E-01        0.00000E-01

      0.00000E-01          0.00000E-01        0.00000E-01

     -1.96982E+00          1.98475E+02
     -1.96982E+00         -1.98475E+02        1.98485E+02       9.92425E-03

     -7.39867E+01          1.21419E+03
     -7.39867E+01         -1.21419E+03        1.21644E+03       6.08222E-02

     -4.52837E+01          9.50591E+02
     -4.52837E+01         -9.50591E+02        9.51669E+02       4.75834E-02

      0.00000E-01          0.00000E-01        0.00000E-01

      0.00000E-01          0.00000E-01        0.00000E-01

***************************************************************************

    EIGEN-VALUES  BETRIEBSFALL 2

     REAL PART            IMAGINARY PART     ABS. VALUE        ZETA

      0.00000E-01          0.00000E-01        0.00000E-01

      0.00000E-01          0.00000E-01        0.00000E-01

     -6.35671E+01          1.12574E+03
     -6.35671E+01         -1.12574E+03        1.12754E+03       5.63769E-02

     -2.88949E+01          7.59647E+02
     -2.88949E+01         -7.59647E+02        7.60196E+02       3.80098E-02

     -1.43418E+00          1.69356E+02
     -1.43418E+00         -1.69356E+02        1.69362E+02       8.46812E-03

      0.00000E-01          0.00000E-01        0.00000E-01

      0.00000E-01          0.00000E-01        0.00000E-01

***************************************************************************
```

****

EIGEN-VALUES BETRIEBSFALL 3

REAL PART	IMAGINARY PART	ABS. VALUE	ZETA
0.00000E-01	0.00000E-01	0.00000E-01	
0.00000E-01	0.00000E-01	0.00000E-01	
-5.51133E+01	1.04844E+03		
-5.51133E+01	-1.04844E+03	1.04989E+03	5.24944E-02
-1.43568E+00	1.69445E+02		
-1.43568E+00	-1.69445E+02	1.69451E+02	8.47254E-03
-4.06835E-01	9.02028E+01		
-4.06835E-01	-9.02028E+01	9.02037E+01	4.51018E-03
0.00000E-01	0.00000E-01	0.00000E-01	
0.00000E-01	0.00000E-01	0.00000E-01	

****

EIGEN-VALUES BETRIEBSFALL 4

REAL PART	IMAGINARY PART	ABS. VALUE	ZETA
0.00000E-01	0.00000E-01	0.00000E-01	
0.00000E-01	0.00000E-01	0.00000E-01	
-2.18787E+01	6.61132E+02		
-2.18787E+01	-6.61132E+02	6.61494E+02	3.30747E-02
-9.25670E-01	1.36061E+02		
-9.25670E-01	-1.36061E+02	1.36064E+02	6.80320E-03
-2.82133E-01	7.51171E+01		
-2.82133E-01	-7.51171E+01	7.51177E+01	3.75588E-03
0.00000E-01	0.00000E-01	0.00000E-01	
0.00000E-01	0.00000E-01	0.00000E-01	

****

Anhang B

Vollständige modale Synthese

B.1 Die Theorie

Der Entwurf einer Zustandsrückführung zur Regelung linearer, zeitinvarianter Systeme basiert auf der Zustandsbeschreibung:

$$\dot{\mathbf{x}}(t) = \mathbf{A}\,\mathbf{x}(t) + \mathbf{B}\,\mathbf{u}(t) \quad \begin{array}{lll}\text{mit} & \text{n} & \text{Zustandsgrößen} \\ \text{und} & \text{p} & \text{Eingangsgrößen}\end{array} \tag{B.1}$$

Gesucht wird eine Matrix $\mathbf{K}$ mit den Dimensionen $(p \times n)$, so daß das geschlossene System

$$\dot{\mathbf{x}}(t) = (\mathbf{A} - \mathbf{B}\mathbf{K})\,\mathbf{x}(t) \tag{B.2}$$

eine vorgegebene, gewünschte Dynamik erhält. Die Auslegung der Matrix $\mathbf{K}$ erfordert die Formulierung von Anforderungen an das System.

Die bekannten Verfahren hierzu, die Polvorgabe, z.B. [2], der RICCATI-Entwurf, z. B. [76], oder die modale Regelung, z.B. [62], bedienen sich zum Entwurf der Beschreibung der ungeregelten Strecke und bestimmen $\mathbf{K}$ dann so, daß die geforderten Eigenschaften (z.B. in Form von Eigenwerten) erreicht werden. Diese Vorgehensweise verschenkt aber besonders bei Mehrgrößensystemen bestimmte Entwurfsfreiheitsgrade.

Die vollständige modale Synthese nach ROPPENECKER [64],[65] benutzt als Grundlage im Gegensatz zu den vorgenannten Verfahren die Beschreibung des geschlossenen Kreises, um zu einer einheitlichen Bestimmungsgleichung für die Reglermatrix zu kommen.

Die Ableitung der Bestimmungsgleichung läßt sich über eine dynamische Analyse des geschlossenen Kreises an Hand der Eigenwert- / Eigenvektorbeziehung vornehmen:

$$(\mathbf{A} - \mathbf{B}\mathbf{K} - \lambda_{Ri}\mathbf{I})\,\mathbf{v}_{\mathbf{R}i} = \mathbf{0} \tag{B.3}$$

$\mathbf{v}_{\mathbf{R}i}$ ist der zum Eigenwert λ_{Ri} des geregelten Systems gehörende Rechtseigenvektor des geregelten Systems. Die Regelungseigenwerte seien in dieser einfachen Herleitung als verschieden voneinander und verschieden von den Streckeneigenwerten angenommen. Auch mehrfache Streckeneigenwerte sind ausgeschlossen. Für diese Problemfälle gibt es weitergehende, theoretische Hinweise in [64]. Bei *TELMAN* wird dieses Problem durch eine kleine Störung ϵ in der Systemmatrix umgangen, so daß sich nur verschiedene Streckeneigenwerte ergeben.

Man definiert die sogenannten Parametervektoren $\mathbf{p_i}$:

$$\mathbf{p_i} = \mathbf{K}\ \mathbf{v_{Ri}} \quad \text{bzw.} \quad \mathbf{P} = \mathbf{K}\ \mathbf{V_R} \tag{B.4}$$

mit $\mathbf{P} = (\mathbf{p_1}, \ldots, \mathbf{p_n})$ und $\mathbf{V_R} = (\mathbf{v_{R1}}, \ldots, \mathbf{v_{Rn}})$. Da die Eigenvektoren des geregelten Systems linear unabhängig sein sollen, läßt sich $\mathbf{V_R}$ invertieren, so daß bei Vorgabe der Parametervektoren $\mathbf{p_i}$ und der Eigenvektormatrix $\mathbf{V_R}$ der Regler eindeutig berechnet werden kann. Auf Grund der gemachten Annahmen ist auch $(\mathbf{A} - \lambda_{Ri}\mathbf{I})$ invertierbar, so daß die folgende Gleichung zur Bestimmung der Regelungsrechtseigenvektoren entsteht:

$$\mathbf{v_{Ri}} = (\mathbf{A} - \lambda_{Ri}\mathbf{I})^{-1}\,\mathbf{B}\mathbf{p_i} \tag{B.5}$$

Die Reglermatrix ergib sich dann aus

$$\mathbf{K} = \mathbf{P}\ \mathbf{V_R^{-1}} \tag{B.6}$$

oder in einer anderen Schreibweise, in der die modalen Eigenschaften des Reglers sichtbar werden:

$$\begin{aligned} \mathbf{K} &= (\mathbf{p_1}, \ldots, \mathbf{p_n})\left((\mathbf{A} - \lambda_{R1}\mathbf{I})^{-1}\,\mathbf{B}\mathbf{p_1}, \ldots, (\mathbf{A} - \lambda_{Rn}\mathbf{I})^{-1}\,\mathbf{B}\mathbf{p_n}\right)^{-1} \\ \mathbf{K} &= \mathbf{K}\,(\lambda_1, \ldots, \lambda_n; \mathbf{p_1}, \ldots, \mathbf{p_n}) \end{aligned} \tag{B.7}$$

Die Wahl der Parametervektoren unterliegt einigen wenigen Einschränkungen. So müssen zu konjugiert komplexen Regelungseigenvektoren auch konjugiert komplexe Parametervektoren gehören. Außerdem dürfen durch die Wahl der $\mathbf{p_i}$ die Regelungseigenvektoren nicht linear abhängig werden.

Abschließend noch ein Wort zu den Entwurfsfreiheitsgraden in der Reglergleichung (B.7). Die Festlegung von n Eigenwerten und $(n \cdot p)$ Elementen in den Parametervektoren läßt auf $n(p+1)$ Freiheitsgrade im Entwurf schließen. Dies ist nicht der Fall, da nur die Richtungen der Parametervektoren, nicht aber deren Länge einen Einfluß auf den Regler haben. Dadurch reduzieren sich die Freiheitsgrade auf $(n \cdot p)$ und die Darstellung des Reglers in Gleichung (B.7) ist eindeutig.

Da das beschriebene Entwurfsverfahren auf der modalen Struktur des geregelten Systems beruht, und nicht, wie bei der modalen Regelung, auf der modal transformierten, ungeregelten Strecke, wurde es *Vollständige Modale Synthese* genannt.

B.2 Das Programmpaket VOMOSY

Auf der Basis der geschlossenen Reglerformel (B.7) aus dem vorherigen Abschnitt wurde das Entwurfsprogramm VOMOSY (VOllständige MOdale SYnthese) entwickelt. Das von

HÜGEL [34] in Zusammenarbeit mit ROPPENECKER in Karlsruhe erstellte Programm ist in Bremen auf der Großrechenanlage des Rechenzentrums der Universität Bremen implementiert.

Das Programmpaket ermöglicht einen interaktiven, mehrzieligen Reglerentwurf. Die verschiedenen Anforderungen an den geschlossenen Kreis können in Form von Gütekriterien formuliert werden. Die in Form eines Vektors zusammengestellten Gütekriterien werden in Abhängigkeit von den Reglerparametern nach der Methode der Gütevektoroptimierung [45] so minimiert, daß sich ein Pareto-Optimum einstellt; d.h. kein Kriterium läßt sich ohne Verschlechterung eines anderen noch verbessern.

Der zweite wesentliche Vorteil des Programms ist die Möglichkeit, sogenannte Multi-Modell-Probleme zu behandeln. Eine solche Beschreibung ergibt sich beispielsweise, wenn ein System in Abhängigkeit von einem oder mehreren Streckenparametern, zusammengefaßt im Vektor $\mathbf{\Theta}$, seine Beschreibung ändert. Man erhält dann die folgende Multi-Modell-Beschreibung für μ Betriebsfälle:

$$\begin{aligned} \dot{\mathbf{x}}_\mu(t) &= \mathbf{A}(\mathbf{\Theta}_\mu)\,\mathbf{x}_\mu(t) + \mathbf{B}(\mathbf{\Theta}_\mu)\,\mathbf{u}_\mu(t) \\ & \mu = 1, \ldots, l \quad \text{Anzahl der Betriebsfälle} \end{aligned} \tag{B.8}$$

Mit VOMOSY kann für jeden Betriebsfall ein Regler separat entworfen werden.

Der wesentliche Vorteil des Programmpaketes VOMOSY liegt jedoch darin begründet, daß für mehrere Betriebsfälle ein gemeinsamer Regler durch die Optimierung des Gütevektors gefunden werden kann. Dieser Regler kann dann als robust bezüglich der Parameterunterschiede der verschiedenen Betriebsfälle bezeichnet werden. Wesentliche Voraussetzung zur Optimierung ist die Formulierung von Anforderungen an den geschlossenen Kreis in Form von Gütekriterien. Die Gütekriterien müssen vor dem Entwurf ausgewählt werden. Die nachfolgend beschriebenen Kriterien sind im Programmpaket vorgegeben und können je nach Bedarf in den Gütevektor aufgenommen werden.

Robustheitsgütemaß

Das Robustheitsgütemaß bewertet die Differenzen der Reglerparameter für die verschiedenen Betriebsfälle. Falls mehr als ein Betriebsfall vorliegt, wird automatisch dieses Gütemaß mitverwendet. Es erfolgt eine Summierung der quadrierten Reglerkoeffizientendifferenzen über alle Betriebsfälle.

$$J_R = \frac{1}{2}\sum_{i=1}^{p}\sum_{j=1}^{n} h_{ij}\left(\sum_{\mu=2}^{l}(k_{\mu ij} - k_{1ij})^2\right) \quad \text{mit} \quad \begin{array}{ll} \text{p} & \text{Systemeingängen} \\ \text{n} & \text{Systemzuständen} \\ \text{l} & \text{Betriebsfällen} \end{array}$$

Die Minimierung dieses Gütemaßes zielt auf möglichst kleine Unterschiede in den Reglerkoeffizienten für die verschiedenen Betriebsfälle. Dadurch läßt sich im Idealfall derselbe Regler für alle Betriebsfälle erreichen.

Struktur- und Normgütemaß

Normalerweise ergeben sich beim Zustandsreglerentwurf voll besetzte Reglermatrizen. In den meisten technischen Anwendungsfällen sind jedoch nicht alle Zustände meßbar, so daß der Wunsch entsteht, nur die meßbaren Zustände über den Regler zurückzuführen. Wenn an der entsprechenden Stelle in der Reglermatrix eine Null, oder praxisnäher, ein sehr kleiner Zahlenwert stehen würde, könnte man auf die Messung dieser Größe verzichten. Deshalb formuliert man ein Strukturgütemaß, das sehr kleine Reglerkoeffizienten an den durch Gewichtungskoeffizienten bestimmten Stellen bewertet. Das Gütemaß hat folgendes Aussehen, zur Bestimmung der g_{ij} folgt die Erklärung weiter unten.

$$J_S = \frac{1}{2}\sum_{i=1}^{p}\sum_{j=1}^{n} g_{Sij} \sum_{\mu=2}^{l} k_{\mu ij}^2 \quad \text{mit} \quad \begin{array}{ll} \text{p} & \text{Systemeingängen} \\ \text{n} & \text{Systemzuständen} \\ \text{l} & \text{Betriebsfällen} \end{array}$$

Eine Zusatzforderung im gleichen Zusammenhang stellt die Forderung nach möglichst kleinen Stellgrößen dar. Sie läßt sich auffassen, als eine Minimierung der Norm der Reglermatrix. Das hierzu notwendige Normgütemaß hat die gleiche Form wie das Strukturgütemaß, nur daß jetzt die Gewichtungskoeffizienten anders bestimmt werden.

$$J_N = \frac{1}{2}\sum_{i=1}^{p}\sum_{j=1}^{n} g_{Nij} \sum_{\mu=2}^{l} k_{\mu ij}^2 \quad \text{mit} \quad \begin{array}{ll} \text{p} & \text{Systemeingängen} \\ \text{n} & \text{Systemzuständen} \\ \text{l} & \text{Betriebsfällen} \end{array}$$

In VOMOSY werden das Normgütemaß und das Strukturgütemaß als zwei zueinander komplementäre Gütemaße aufgefaßt. Die Unterscheidung erfolgt durch die Gewichtungsfaktoren g_{Sij} und g_{Nij}. Für die zu unterdrückenden Reglerkoeffizienten wird g_{Nij} im Normgütemaß zu Null gesetzt. Im Gegensatz dazu wird im Strukturgütemaß für die nicht zu unterdrückenden Koeffizienten eine Null in g_{Sij} eingesetzt. Somit werden im Strukturgütemaß nur die zu unterdrückenden Koeffizienten bewertet und im Normgütemaß die restlichen Koeffizienten so bewertet, daß ein Regler mit kleinen Stellgrößen entsteht. Die Unterscheidung, in welchem Gütemaß ein Reglerkoeffizient berücksichtigt wird, trifft das Programm an Hand eines vom Nutzer vorzugebenden Schwellwertes, der mit dem jeweiligen Gewichtungsfaktor verglichen wird.

RICCATI-Gütemaß

Die Bewertung und Zusammenfassung von Zustands- und Stellgrößen in einem Gütefunktional bietet die Möglichkeit, Anforderungen an das zeitliche Übergangsverhalten eines Systems zu stellen. VOMOSY stellt für jeden Betriebsfall auf Wunsch ein eigenes RICCATI-Gütemaß in der folgenden Form zur Verfügung.

$$J(\mathbf{u}) = \int_0^\infty \Big(\mathbf{x}^\mathsf{T}(t)\ \mathbf{C}^\mathsf{T}\ \bar{\mathbf{Q}}\ \mathbf{C}\ \mathbf{x}(t) + \mathbf{u}^\mathsf{T}(t)\mathbf{R}\ \mathbf{u}(t)\Big)\ dt \tag{B.9}$$

Ebenfalls durch ein RICCATI-Gütemaß läßt sich in VOMOSY die Reaktion des Regelkreises auf Führungs- und Störgrößen optimieren. Aus diesem Grund entsteht auch die in dieser Arbeit häufig benutzte, um den Störeingang erweiterte Zustandsbeschreibung. In diese Beschreibung müssen alle Entwurfsprobleme gebracht werden, um sie mit VOMOSY zu bearbeiten.

$$\dot{\mathbf{x}}(t) = \mathbf{A}\ \mathbf{x}(t) + \mathbf{B}\ \mathbf{u}(t) + \mathbf{E}\ \mathbf{z}(t) \tag{B.10}$$

$\mathbf{z}(t)$ stellt hier den Störeingriffsvektor dar und die Matrix $\mathbf{E}$ ist Störeingriffsmatrix. Diese Erweiterung der Zustandsbeschreibung läßt die Berücksichtigung von Zustandsstörungen beim Reglerentwurf zu. Es kann beim Entwurf auf eine gute Störungsunterdrückung geachtet werden. Auch diese Beschreibung läßt sich als Multi-Modell-Beschreibung formulieren. Das RICCATI-Gütemaß bewertet in dieser Verwendung die Abweichungen der Zustände von den stationären Endwerten.

Die zweite wesentliche Vorgabe, neben den Gütekriterien, die das Programm VOMOSY vom Nutzer verlangt, ist die Festlegung von Eigenwertgebieten. Für jeden Regelungseigenwert pro Betriebsfall muß ein Intervall für den Realteil und ein Intervall für den Imaginärteil angegeben werden. Mit der Angabe dieser Intervalle trifft man die wesentliche Festlegung der Dynamik des geregelten Kreises. Die Optimierung des Gütevektors kann die Eigenwerte nur innerhalb des vorgegebenen Gebietes verschieben. VOMOSY läßt die Wahl zwischen zwei Eigengebietsformen zu: Rechtecke oder Kreisringsektoren. Aus den dynamischen Anforderungen an den Regelkreis hat der VOMOSY-Nutzer dann die möglichen Gebietsgrenzen zu bestimmen.

Die dritte und letzte Vorgabe, die VOMOSY benötigt, sind sogenannte Startregler als Ausgangspunkt der Optimierung. Hierzu muß für jeden Betriebsfall eine Reglermatrix vorgegeben werden. Diese kann im Prinzip mit einem beliebigen Entwurfsverfahren bestimmt werden, jedoch hat sich hierfür der RICCATI-Entwurf bewährt. Einzige Anforderung an den Regler ist, daß die Regelungseigenwerte, die sich mit den Startreglern ergeben, in dem spezifizierten Eigenwertgebiet liegen müssen.

Nach der Festlegung der Eigenwertgebiete, der Gütekriterien sowie der Startregler kann dann der interaktive Reglerentwurf erfolgen. Interaktiv bedeutet in diesem Fall, daß immer ein Optimierungsschritt und die Ergebniskontrolle aufeinanderfolgen. Anschließend können die Optimierungsbedingungen geändert werden, bevor ein erneuter Optimierungsschritt eingeleitet wird. Die Freiheitsgrade, die der Nutzer durch die Anforderungen an den geschlossenen Kreis vorgegeben hat, nutzt das Programm innerhalb der Optimierung durch eine Verschiebung der Regelungseigenwerte im spezifizierten Gebiet sowie durch die Veränderung der Parametervektoren.

VOMOSY führt jeden Optimierungsschritt unter der Prämisse der Minimierung des Gütevektors durch. Mit Hilfe einer Gewichtung der Gütekriterien untereinander, sowie der Veränderung dieser Gewichtungsverhältnisse, läßt sich in mehreren Optimierungsschritten ein Regler entwerfen, der alle Anforderungen im Rahmen der Gütekriterien erfüllt. In der Hand des VOMOSY-Nutzers liegt es dabei, nach jedem Optimierungsschritt zu entscheiden, ob der vorangegangene Schritt ein Fortschritt oder Rückschritt war. Dies geschieht an Hand der Zahlenwerte der Gütemaße, der erzielten Regelungseigenwerte sowie durch unterstützende Simulationen. Diese Simulationen müssen jedoch mit einem anderen Programm durchgeführt werden, da VOMOSY keinen Simulationsteil enthält.

Im Falle eines Rückschrittes muß ausgehend von der vorherigen Optimierung durch gezieltes „Anziehen“ oder „Lockerlassen“ einzelner Gütekriterien die Optimierung in einer anderen Suchrichtung erneut angestoßen werden. Diese iterative Arbeitsweise muß solange verfolgt werden, bis das Ergebnis zufriedenstellend ist. Der Ergebnisregler muß als der beste Kompromiß aus allen Anforderungen an das System angesehen werden.

Verschiedene Veröffentlichungen weisen den Erfolg der Gütevektoroptimierung [44] und der vollständigen modalen Synthese [63] im praktischen Einsatz nach.

Anhang C

Programme

Der Weg vom mathematischen Modell über den Entwurf bis zum implementierten Regler erforderte den Einsatz verschiedener Programme zur Unterstützung dieses Ablaufs. Eine Übersicht gibt die nachfolgende Liste, die auch gleichzeitig die Einsatzgebiete der Programme skizziert.

1. MATLAB [1]
   - Berechnung des Modells
   - Startreglerentwurf (RICCATI-Regler)
   - Beobachterentwurf
   - Berechnung des geschlossenen Regelkreises
   - Transformation auf Sensorkoordinaten, Rücktransformation
   - Erstellung der VOMOSY-Struktur
   - Diskretisierung des Ergebnisreglers
2. VOMOSY (siehe Abschnitt B.2)
   - Regleroptimierung auf Robustheit
3. RASP'89 (FORTRAN)
   - Simulation des ungeregelten Modells
   - Simulation des geregelten Modells
   - Eigenwertanalyse
   - Graphische Ausgabe der Simulationsergebnisse auf Bildschirm oder Plotter
4. Regelungs-Software (PEARL)
   - Implementation des Regelungsalgorithmus

- Sollbahngenerierung
- Meßdatenspeicherung
- Regler-Timing

C.1 Reglerentwurf

Alle notwendigen Vorbereitungen und Nachbereitungen zur Nutzung von VOMOSY wurden mit MATLAB durchgeführt, wobei auch Teile der MATLAB CONTROL-SYSTEM-TOOLBOX [49] benutzt wurden. Zur effizienteren Nutzung wurden mehrere interaktive Programme in MATLAB geschrieben, die den in Bild C.1 dargestellten Entwurfsablauf vereinfachen. Die im oberen Teil des Bildes dargestellten Schritte sind pro Betriebsfall einmal durchzuführen, bevor die Optimierung mit VOMOSY eingeleitet werden kann.

Nach der Optimierung erfolgt eine Rücktransformation auf Normalkoordinaten, bevor mit der Simulation begonnen werden kann. Abschließend wurde mit MATLAB noch die Diskretisierung des zu implementierenden Reglers durchgeführt (siehe hierzu Abschnitt 3.7). Einen Überblick über alle durchzuführenden Schritte vom Modell bis zum implementierten Regler vermittelt das Bild C.1.

C.2 Simulation

Die Simulation des ungeregelten und des geregelten Modells stellte sich als größeres Problem heraus. Auf Grund der Zeitvarianz des Systems konnte nicht auf die verfügbaren Standartsimulationspakete zurückgegriffen werden. Es wurde ein auf das vorliegende Problem zugeschnittenes Programmsystem in FORTRAN auf einem 386-PC mit Coprozessor erstellt. Das Programm hat die in Bild C.2 dargestellte Struktur. Alle Programmteile wurden unter Verwendung der „Regelungstechnischen Analyse und Synthese Programmbibliothek“ (RASP'89) [36] geschrieben. Das Hauptprogramm SIMULATION besteht aus drei Teilen. Der Initialisierungsteil besorgt das Einlesen der Parameter und die Vorbesetzung aller Variablen. Es erfolgt dann der Aufruf der Integrationsroutine, zu der weitere Informationen im folgenden Absatz gegeben werden. Abschließend erfolgt eine Aufbereitung der berechneten Daten in der Form, daß das Hauptprogramm GRAPHIK die Daten sowohl auf Display als auch auf einem Plotter ausgeben kann.

Das Herzstück des Simulationsprogrammes ist der Integrationsalgorithmus. Für das vorliegende System stellte sich bei Versuchen heraus, daß die üblicherweise benutzten RUNGE-KUTTA Algorithmen zu falschen Ergebnissen führten. Es mußte daher ein spezieller, dem Problem besser angepaßter Algorithmus gefunden werden.

In [50] wird gezeigt, daß bei der numerischen Lösung von Differentialgleichungen mit sehr stark unterschiedlichen Zeitkonstanten die sehr schnell abklingenden Eigenbewegungen nicht vernachlässigt werden dürfen. Speziell bei mechanischen Systemen mit elastischen Anteilen, also insbesondere auch bei dem vorliegenden Problem, geht es immer

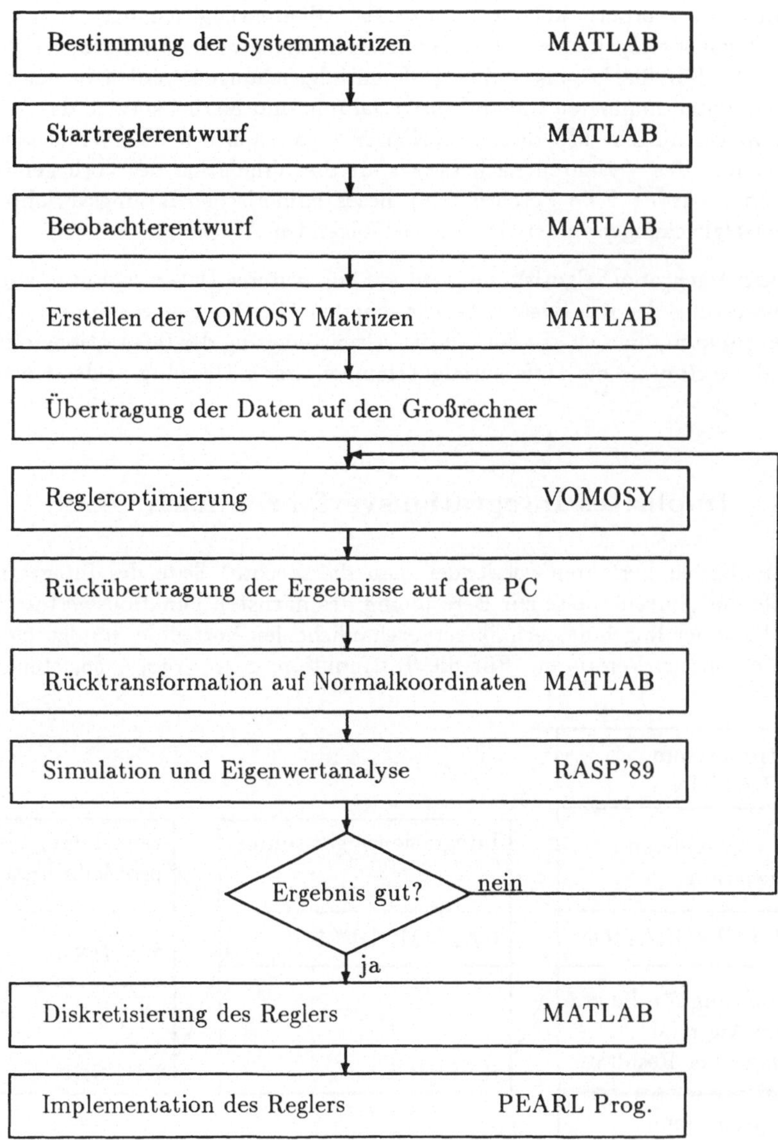

Bild C.1: Schritte vom Modell bis zum implementierten Regler

um hochfrequentere und schwach gedämpfte Eigenbewegungen, die zusammen mit relativ langsamen Starrkörperbewegungen auftreten. Differentialgleichungssysteme, die diese Eigenschaft von betragsmäßig sehr verschiedenen Eigenwerten besitzen, werden als „steif" bezeichnet. Für die Lösung steifer Differentialgleichungen werden in der Literatur [55] die sogenannten impliziten Integrationsverfahren, und hierbei speziell das Verfahren nach GEAR, vorgeschlagen. Mit diesem Verfahren ergaben sich bei Vorversuchen gute Ergebnisse, so daß das Verfahren nach GEAR für die Simulation des vorliegenden Problems ausgewählt wurde. Eine Beschreibung dieses numerischen Lösungsverfahrens für steife Differentialgleichungen findet sich im nachfolgenden Abschnitt.

Aus dem Integrationsalgorithmus wird auf ein weiteres Unterprogramm zugegriffen, das die Auswertung der das System beschreibenden Gleichungen vornimmt. Zu vorgegebenen Zeitpunkten, die sich aus der Schrittweitensteuerung der Integrationsroutine ergeben, wertet diese Routine die Differentialgleichungen erster Ordnung in der Form $\dot{\mathbf{x}} = f(\mathbf{x}, t)$ aus.

C.2.1 Implizites Integrationsverfahren nach GEAR

Beim impliziten Verfahren verwendet man die „rechte" Seite des Integrationsintervalls an Stelle der „linken" Seite zur Berechnung des nächsten Funktionswertes. Das folgende Beispiel aus der Regelungstechnik veranschaulicht den Vorteil der impliziten im Vergleich zu den expliziten Verfahren. Für die Testfunktion: $x_{i+1} = ax_i + bu_i$ stellen die beiden

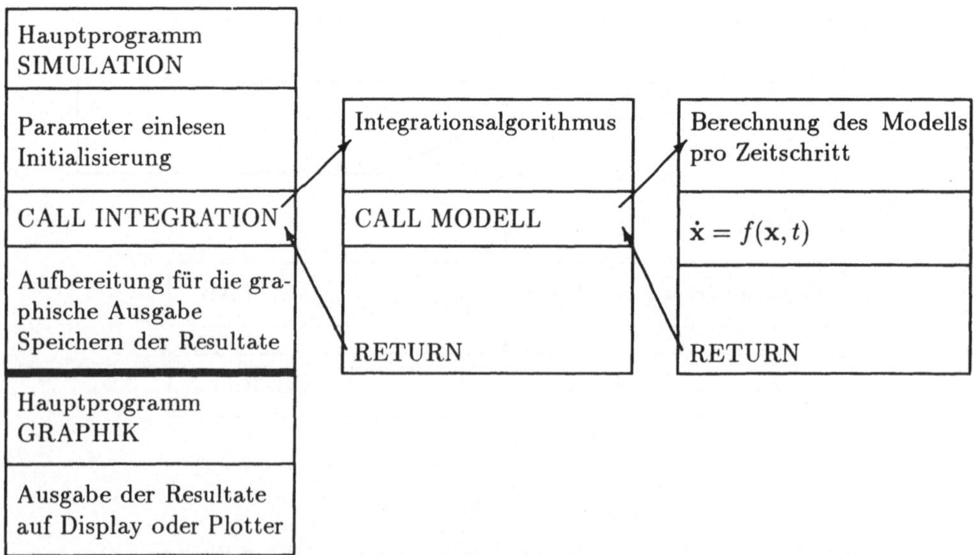

Bild C.2: Programmstruktur Simulation

folgenden Gleichungen jeweils einen Integrationsschritt dar, wenn man das bekannte Integrationsverfahren von Euler-Cauchy verwendet.

Explizite Integration : $x_{i+1} = x_i + h\,(ax_i + bu_i)$

$$x_{i+1} = (1 + ha)\,x_i + hbu_i$$

Implizite Integration : $x_{i+1} = x_i + h\,(ax_{i+1} + bu_{i+1})$

$$x_{i+1} = \frac{1}{1-ha}x_i + \frac{h}{1-ha}bu_{i+1}$$

Der Faktor vor dem x_i in der jeweils letzten Zeile bestimmt bekanntermaßen die Stabilität des Integrationsverfahren. Somit lassen sich die Stabilitätsgebiete beider Verfahren wie folgt angeben. Das explizite Verfahren ist stabil, wenn

$$|1 + ha| \leq 1$$

Demgegenüber ist das Stabilitätsgebiet für das implizite Verfahren durch die folgende Ungleichung charakterisiert:

$$\left|\frac{1}{1-ha}\right| \leq 1$$

Die Stabilitätsgebiete des Beispiels sind in Bild C.3 jeweils punktiert eingezeichnet.

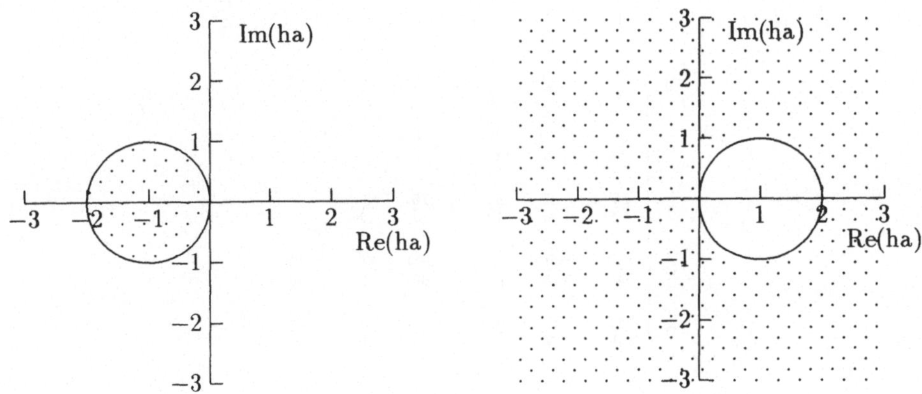

Bild C.3: Stabilitätsgebiete von Integrationsverfahren

Wenn ein stabiles System vorliegt, also $a < 0$, dann lassen sich beim impliziten Verfahren alle Integrationsschrittweiten $h > 0$ verwenden, während beim explizitem Verfahren die Schrittweite abhängig von der Systemzeitkonstante nur recht kleine Werte annehmen darf.

Gerade die Unbeschränktheit in der Wahl der Schrittweite prädestiniert das implizite Verfahren für eine Anwendung bei steifen Differentialgleichungen. Die Unbeschränktheit der Schrittweite gilt nicht nur für die Einschrittverfahren vom RUNGE-KUTTA-Typ sondern auch für die Mehrschrittverfahren vom ADAMS-Typ.

Der Vorteil der impliziten Integrationsverfahren läßt sich besonders gut mit einem Mehrschrittverfahren vom GEAR-Typ ausnutzen [55]. Im Gegensatz zur Ableitung des ADAMS-Verfahren, bei dem das auftretende Integral numerisch gelöst wird, gewinnt man das GEAR-Verfahren durch numerische Differentiation. Durch eine bestimmte Anzahl von aktuellen Lösungspunkten legt man ein Interpolationspolynom und wählt dann als Näherung für $y'(x_{k+1})$ die Ableitung dieses Polynoms. Dabei ergibt sich die folgende Formel:

$$\sum_{j=0}^{m} \alpha_j Y_{k+1-j} = hf(x_{k+1}, Y_{k+1})$$
$$\text{mit } y'(x_{k+1}) = f(x_{k+1}, y(x_{k+1}))$$

Die Y_k enthalten die berechneten Näherungslösungen.

Die Berechnungsvorschrift für die Koeffizienten α_j findet sich in [55], die Ergebnisse sind in Tabelle C.1 zusammengefasst. Für die Ordnung $m > 6$ erfüllen diese Koeffizienten

m	α_0	α_1	α_2	α_3	α_4	α_5	α_6
1	1	-1					
2	$\frac{3}{2}$	-2	$\frac{1}{2}$				
3	$\frac{11}{6}$	$-\frac{18}{6}$	$\frac{9}{6}$	$-\frac{2}{6}$			
4	$\frac{25}{12}$	$-\frac{48}{12}$	$\frac{36}{12}$	$-\frac{16}{12}$	$\frac{3}{12}$		
5	$\frac{137}{60}$	$-\frac{300}{60}$	$\frac{300}{60}$	$-\frac{200}{60}$	$\frac{75}{60}$	$-\frac{12}{60}$	
6	$\frac{147}{60}$	$-\frac{360}{60}$	$\frac{450}{60}$	$-\frac{400}{60}$	$\frac{225}{60}$	$-\frac{72}{60}$	$\frac{10}{60}$

Tabelle C.1: Koeffizienten für GEAR-Verfahren

nicht mehr die sogenannte Wurzelbedingung [55], nach der ein Mehrschrittverfahren für $h \to 0$ gegen die exakte Lösung konvergiert, wenn die Nullstellen $\zeta_1, \ldots, \zeta_m$ des Polynoms

$$q(z) = \sum_{j=0}^{m} \alpha_{m-j} z^j$$

betragsmäßig kleiner gleich 1 sind und falls $|\zeta_l| = 1$, dann muß ζ_l einfach sein.

C.3 Regelungsprogramm

Das Programm zur Implementation wurde in PEARL unter dem Betriebssystem RTOS-UH (siehe Anhang D.4) geschrieben. Die Programmstruktur ist in Bild C.4 dargestellt. Im

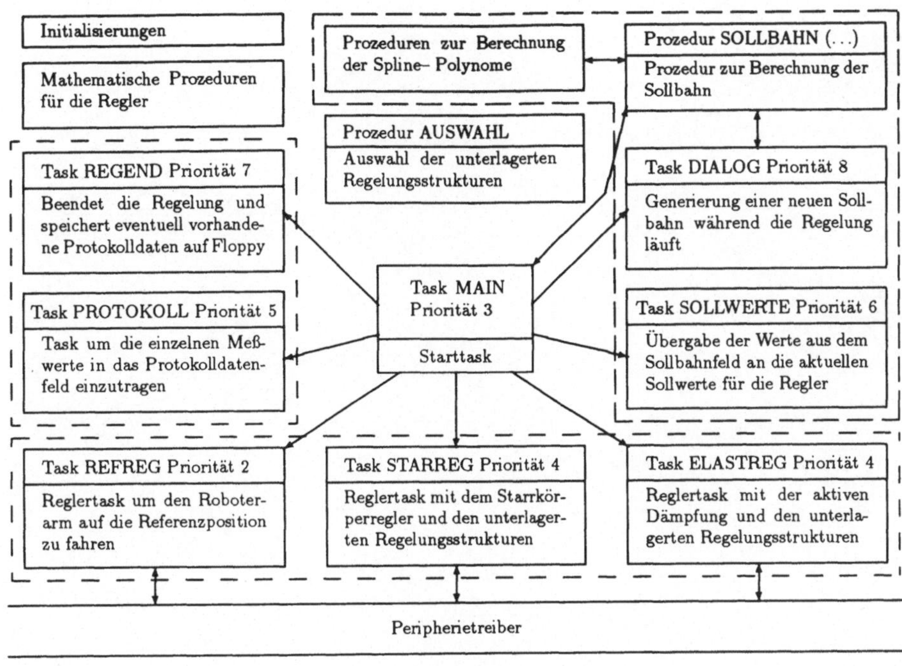

Bild C.4: Struktur Regelungsprogramm

Mittelpunkt steht die MAIN-Task, die alle Aktivitäten startet oder stoppt. Sie ist außerdem für die zyklische Einplanung der Regleralgorithmen zuständig. Die Regler sind über die Prozeßperipherie mit dem Roboter verbunden. Mit der MAIN-Task kann per Interrupt in einen Dialog getreten werden, der dann zur Änderung der verschiedenen Reglerparameter genutzt werden kann. Über die DIALOG-Task können auch weitere Aktivitäten initiiert werden, beispielsweise die Meßdatenerfassung oder eine neue Sollbahngenerierung. Für nähere Informationen zu dem Programm sei auf [52] verwiesen.

Anhang D

Technische Daten und Beschreibung von TELMAN

D.1 Roboter

Das Bild D.1 zeigt die Konstruktionszeichnung des Laborroboters *TELMAN* . Der Roboter hat zwei Freiheitsgrade. Neben der rotatorischen Bewegungsmöglichkeit in der horizontalen Ebene gibt es ein translatorisches Gelenk in derselben Ebene. Der eigentliche Roboterarm besteht aus zwei CFK-Rohren, zwischen denen das translatorische Gelenk angebracht ist. Am äußeren freien Ende des Armes befindet sich eine Nutzlast in Form von angeschraubten Stahlscheiben. Das feste Ende von Rohr 1 ist über eine Metallkonstruktion direkt an den rotatorischen Antrieb gekoppelt. Der gesamte Aufbau wird über den Rotationsantrieb auf einem sehr steifen Tisch befestigt, der widerum am Boden verankert wurde.

Die beiden aus CFK-Materialien gefertigten Rohre gleiten, geführt durch das translatorische Gelenk, ineinander. Dazu wurden auf dem Rohr 2 drei um 120° versetzte Reibstreifen angebracht, wovon einer mit einer Torsionssperre versehen ist. Das andere Rohr 1 wurde innen mit zwei Ringspanten versehen. Die Oberflächen der Ringspante und der Reibstreifen sind mit Gleitmaterial beschichtet, so daß die beiden Rohre mit möglichst kleiner Reibung ineinander gleiten können. Wesentliches Problem bei der Rohrauslegung war die Einhaltung der geforderten Steifigkeiten sowie die Leichtbauweise mit Materialien, die auch für Weltraumanwendungen in Frage kommen. Die Konstruktion der Rohre wurde vom Institut für Leichtbau der RWTH Aachen von ÖRY, RITTWEGER, ZURHORST [58] durchgeführt.

Der Antrieb des translatorischen Gelenkes erfolgt über eine Spindel, die im Inneren des Rohres 1 geführt wird. Die auf der Spindel drehende Mutter ist mit dem Rohr 2 verbunden. Der Antrieb der Spindel erfolgt über einen bürstenlosen Getriebemotor, der im Inneren des Rohres 1 angebracht wurde.

Die eigentliche Drehung des gesamten Roboters bewirkt ein konventioneller Gleichstrom-

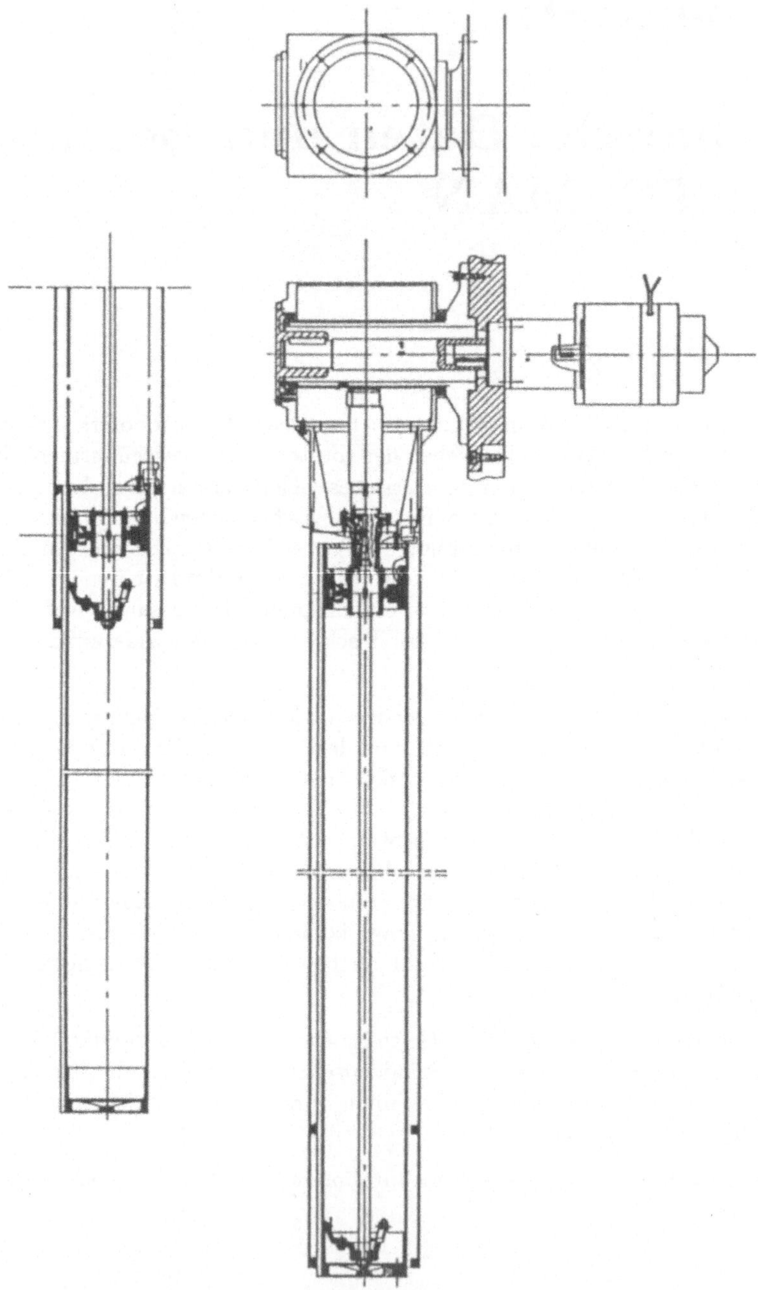

Bild D.1: Konstruktionszeichnung des Laborroboters *TELMAN* . (Abbildung mit freundlicher Genehmigung der Firma TZN, Unterlüß)

Getriebemotor, der über einen Aluminiumflansch mit der aus CFK-Material bestehenden Wand von Rohr 1 verklebt ist. Neben dem eigentlichen Laborroboter und den Antrieben sind natürlich noch weitere Geräte zur Versuchsdurchführung notwendig. Die genauere Beschreibung der einzelnen Komponenten erfolgt in den nachfolgenden Abschnitten.

Die gesamte endgültige Konstruktion wurde von der Firma Technologie Zentrum Nord (TZN), Unterlüß durchgeführt. Die Ideen zur Art und Weise des Roboteraufbaus entstanden aber in der Diskussion aller am Projekt beteiligten Partner. Daneben gab es eine klare Aufgabenteilung, so daß das Institut für Leichtbau (Aachen) für den Bau der Rohre und das Institut für Automatisierungstechnik (Bremen) für sämtliche Regelungseinrichtungen maßgeblich verantwortlich waren. Für weitere Informationen bezüglich des Projektes *TELMAN* sei auf die Literatur [53], [54] sowie [58] verwiesen.

D.2 Antriebe

Die Antriebe für beide Freiheitsgrade sind Elektromotoren. Der rotatorische Motor (Fa. Mattke) ist ein Scheibenläufermotor mit Getriebe (1:300). Die Ansteuerung erfolgt mit einer elektronischer Reglerkarte. Die Drehmomentregelung dieser Karte steuert die nachgeschaltete Leistungselektronik. Die Lagemessung des Rotors erfolgt mit einem absoluten Inkrementalgeber, der nach dem GRAY-Code arbeitet. Für die Geschwindigkeitsmessung war ein Tachogenerator im Einsatz. Beide Meßgeräte waren auf der Motorantriebsseite angebracht.

Im translatorischen Antrieb kommt ein elektronisch kommutierter bürstenloser Gleichstrommotor (Fa. Neckarmotor) zum Einsatz. Sein Drehmoment wird über ein Getriebe (1:7) und den Spindelantrieb (Spindelsteigung 5 mm/Umdrehung) auf das bewegliche Rohr übertragen. Bei diesem Motor kam ein relativer Inkrementalgeber zum Einsatz, der ebenfalls auf der Antriebsachse befestigt war. Die wichtigsten Daten beider Motoren sind in der Tabelle D.1 zusammengefaßt. Die für die Motorregelung notwendigen Meßgeräte

Größe	Einheit	Rotation	Translation
Nennmoment	Ncm	53.7	4
Nenndrehzahl	1/min	3000	5000
Nennleistung	W	168	36.1
Drehmomentkonstante	Ncm/A	8.8	
EMK-Konstante	V/1000 min^{-1}	9.2	
Massenträgheitsmoment	kg cm^2	1.06	0.0072
mech. Zeitkonstante	ms	11.3	

Tabelle D.1: Technische Daten der Antriebe (Herstellerangaben)

werden im nachfolgenden Abschnitt getrennt beschrieben, da sie auch für die Regelung zur aktiven Dämpfung benutzt werden.

Zur Berechnung der Stellgrößen durch den Prozeßrechner muß pro Antrieb eine Konstante bestimmt werden, die das Verhältnis von Stellgröße im Rechner zu Drehmoment bzw. Kraft beschreibt. Diese Konstanten ergeben sich wie folgt aus den Herstellerdaten und aus Messungen, die vom TZN durchgeführt wurden:

Translation: Da die Spindel mit maximal 350 min^{-1} drehen darf, mußte der Antrieb so weit gedrosselt werden, daß er nur noch mit maximal 2450 min^{-1} dreht. Deshalb durfte die Eingangsspannung nur im Bereich ± 3 V variiert werden.

- D/A-Wandler: $\pm$ 5 V verteilt auf 12 Bit
- Verhältnis von abgegebenem Drehmoment zu Eingangsspannung an der Motorelektronik: 0.042 Nm/V
- Getriebeübersetzung: 1:7
- Verhältnis von Vortriebskraft zu Drehmoment an der Spindel: 560 N/Nm (experimentell ermittelter Wert)

Damit ergibt sich die Konstante wie folgt:

$$K_{1t} = \frac{10\ \text{V}}{4096\ \text{Digit}} \cdot 0.042 \frac{\text{Nm}}{\text{V}} \cdot 7 \cdot 560 \frac{\text{N}}{\text{Nm}} = 401.953 \cdot 10^{-3} \frac{\text{N}}{\text{Digit}}$$

Rotation: Der Motorstrom mußte auf 2 A begrenzt werden, um das verwendetet Getriebe nicht zu überlasten. Die Eingangssteuerspannung durfte daher maximal ± 1 V betragen.

- D/A-Wandler: $\pm$ 5 V verteilt auf 12 Bit
- Verhältnis von Motorstrom zu Eingangsspannung: 2.4286 A/V
- Verhältnis von Motorstrom zu Drehmoment: $8.8 \cdot 10^{-2}$ Nm/A
- Getriebeübersetzung: 1:300

Damit ergibt sich die Konstante wie folgt:

$$K_{1r} = \frac{10\ \text{V}}{4096\ \text{Digit}} \cdot 2.4286 \frac{\text{A}}{\text{V}} \cdot 300 \cdot 8.8 \cdot 10^{-2} \frac{\text{Nm}}{\text{A}} = 156.531 \cdot 10^{-3} \frac{\text{Nm}}{\text{Digit}}$$

D.3 Meßgeräte

Im Regelkreis von *TELMAN* kommen drei verschiedene Arten von Meßgebern vor. Zur Messung der Starrkörperposition und -geschwindigkeit finden pro Freiheitsgrad ein Inkrementalgeber und ein Tachogenerator Verwendung. Die Messung der elastischen Bewegungen erfolgt mit Hilfe von Dehnungsmeßstreifen (DMS).

D.3.1 Inkrementalgeber

Die rotatorische Positionsmessung wurde mit einem absoluten Inkrementalgeber durchgeführt, dessen Ausgangssignal über die Digitaleingänge in den Prozeßrechner eingespeist werden. Mit Hilfe einer auf der Motorwelle drehenden Kodierscheibe werden die Inkremente optisch erkannt. Auf der Kodierscheibe befinden sich Markierungen, die nach dem GRAY-Kode den nachgeschalteten Zähler zum Auf- oder Abwärtszählen veranlassen. Die Auflösung pro Umdrehung auf der Motorseite betrug 10 Bit, was 1024 Markierungen entspricht. Da der Inkrementalgeber auf der Motorseite angbracht ist, muß das Getriebe mit der Untersetzung von 1 : 300 berücksichtigt werden. Damit läßt sich die Meßgenauigkeit auf der Rotationsachse des Roboters berechnen :

$$K_{2r} = \frac{2\ \pi\ \text{rad}}{1024\ \text{Digit}} \cdot \frac{1}{300} \ = \ 20.45 \cdot 10^{-6} \frac{\text{rad}}{\text{Digit}} \ \widehat{=}\ 1.172 \cdot 10^{-3} \frac{\text{Grad}}{\text{Digit}}$$

Das ergibt an der Armspitze des Roboters in 2 m Abstand von der Rotationsachse eine Auflösung von etwa 40.8 μm.

Für die translatorische Positionsmessung wird ein gleichartiger Inkrementalgeber verwendet, der jedoch relativ arbeitet. Das bedeutet, daß zu Beginn jeder geregelten Bewegung der Zähler zurückgesetzt werden muß. Anschließend wird die dann erreichte Position als absoluter Nullpunkt betrachtet. Man benötigt für die translatorische Positionsmessung zusätzlich eine weitere Konstante, die die Spindelsteigung beschreibt. Die Daten für diesen Geber lauten :

Anzahl der Impulse	:	500 / Umdrehung
Getriebeuntersetzung	:	1:7
Spindelsteigung	:	$795.775 \cdot 10^{-6} \frac{\text{m}}{\text{rad}} \ = \ \frac{5\ \text{mm}}{2\ \pi\ \text{rad}}$

Damit läßt sich analog zur Rotationsbewegung die Auflösung des Inkrementalgebers berechnen:

$$K_{2t} = \frac{2\ \pi\ \text{rad}}{500\ \text{Impulse}} \cdot \frac{1}{7} \cdot 795.775 \cdot 10^{-6} \frac{\text{m}}{\text{rad}} \ = \ 1.429 \cdot 10^{-6} \frac{\text{m}}{\text{Impuls}}$$

Die Auswertung der Inkrementalgebersignale sowie die Rechts-Linkslauf Erkennung wird in der Rechnerelektronik vorgenommen.

Ein dynamisches Verhalten ist auf Grund des Arbeitsprinzipes und der beteiligten Bauteile im Frequenzbereich von *TELMAN* nicht zu erkennen.

D.3.2 Tachogenerator

Zur Messung der Drehgeschwindigkeit für die Rotationsbewegung wurde ein Tachogenerator eingesetzt. Nach dem Generatorprinzip liefert der Tacho eine der Drehzahl proportionale Spannung. Da der Tacho auf der Antriebsseite angebracht ist, muß die Getriebeübersetzung berücksichtigt werden.

$$U_A = K_T \dot{\phi}$$

Die Herstellerangabe für K_T lautet: $\frac{3\ \mathrm{V}}{1000\ \mathrm{U/min}}$. Daraus ergibt sich unter Berücksichtigung des Getriebes und des A/D-Wandlers die gesuchte Konstante wie folgt:

$$K_{3r} = \frac{2000\ \pi\ \mathrm{rad/s}}{3\ \mathrm{V} \cdot 60 \cdot 300} \cdot \frac{20\ \mathrm{V}}{4096\ \mathrm{Digit}} = 568.141 \cdot 10^{-6} \frac{\mathrm{rad/s}}{\mathrm{Digit}}$$

Bei der translatorischen Bewegung mußte der Tachogenerator aus konstruktiven Erwägungen heraus entfallen, so daß die Ausfahrgeschwindigkeit durch Differentiation und Filterung des Positionsmeßsignales ermittelt wurde. Hierbei kam ein sogenannter realer Differenzierer [3] in diskreter Form zum Einsatz, der separat nur unter Berücksichtigung der notwendigen Bandbreite, im vorliegenden Fall 100 Hz, ausgelegt wurde.

D.3.3 Dehnungsmeßgeber

Die Messung der elastischen Bewegungen wurde mit Dehnungsmeßstreifen (DMS) durchgeführt. Hierzu wurden auf der Rohraußen- und Innenseite des Roboterarms in der Biegeebene pro Meßpunkt zwei parallel liegende Dehnungsmeßstreifen appliziert. Der Anbringungsort lag bei etwa 10% der Länge des Rohres 1. In vergleichbaren Simulationsuntersuchungen zeichnete sich dieser Ort durch die größte Meßamplitude aus [18]. Das Ausgangssignal der DMS wurde mit einem Meßverstärker der Firma Hottinger-Baldwin Meßtechnik (KWS 521A) aufbereitet und über A/D-Wandler in den Prozeßrechner geleitet.

Bei einem DMS handelt es sich um einen ohmschen Widerstand (meistens etwa 120Ω), der seinen Wert in Abhängigkeit von einer Dehnung oder Stauchung seines Trägermaterials verändert. Die vier Einzelmeßstreifen werden in einer WHEATSTONE'schen Brückenschaltung zusammengeschaltet. Die Brückenschaltung hilft, bei geeigneter Zusammenfassung der Einzelwiderstände, Störeffekte zu kompensieren, sowie die Einzelsignale der DMS zu addieren. Da die relativen Längenänderungen bei einer Dehnung sehr klein sind, verhält es sich entsprechend mit den Ausgangssignalen der Meßbrücke. Sie liegen im μV-Bereich.

Im Vordergrund bei der Modellbildung der DMS steht das statische Verhalten. Auf Grund der Funktionsweise können die DMS im unteren, für die Regelung von *TELMAN* relevanten Frequenzbereich, als Proportionalglied angesehen werden. Über die höchste mit DMS erfaßbare Grenzfrequenz sind endgültige Zahlen nicht bekannt. Die Literatur [33] berichtet von Messungen bei Stoßvorgängen mit mehr als 100 kHz.

Die physikalischen Zusammenhänge bei der Messung von Biegungen mit Dehnungsmeßstreifen sollen für den skalaren Fall der reinen Biegung eines Rohres kurz skizziert werden. Grundlage ist die folgende Proportionalität:

$$\frac{\Delta R}{R_0} \sim \frac{\Delta L}{L_0} = \epsilon \quad \text{mit} \quad \begin{array}{rcl} R_0 & = & \text{ohmscher Nominalwiderstand des DMS} \\ \Delta R & = & \text{Widerstandsänderung} \\ L_0 & = & \text{ungedehnte Länge des DMS} \\ \Delta L & = & \text{Längenänderung} \\ \epsilon & = & \text{Dehnung in } \left[\frac{m}{m}\right] \text{, gängiger in } \left[\frac{\mu m}{m}\right] \end{array}$$

Aus der relativen Längenänderung (⇒ Dehnung) läßt sich die Biegung wie folgt ableiten: (HOOKE'sches Gesetz)

$$\epsilon = \frac{1}{E}\sigma \quad \text{mit} \quad \begin{array}{rcl} E &=& \text{Elastizitätsmodul des Rohres} \\ \sigma &=& \text{Biegespannung} \end{array}$$

Der Krümmungsradius r ist näherungsweise als die Inverse der Biegung festgelegt, wobei $w(x,t)$ die Auslenkung des Rohres an der Stelle x beschreibt:

$$r \approx \frac{1}{w''(x,t)}$$

Dann läßt sich zeigen:

$$w''(x,t) = \frac{M_B}{EI_y} \quad \text{mit} \quad \begin{array}{rcl} M_B &=& \text{Biegemoment} \\ I_y &=& \text{Flächenträgheitsmoment} \end{array}$$

Die Biegespannung σ läßt sich ableiten als:

$\sigma = \frac{M_B}{I_y} z$ mit $z =$ Abstand des Meßpunktes von der Rohrachse in Richtung der Drehachse. Bei DMS z. B. auf der Außenwand des Rohres, d. h. $z = d/2$ mit $d =$ Rohrdurchmesser.

Daraus ergibt sich für die Biegung :

$$w''(x_M,t) = \frac{\sigma}{Ez} = \frac{2}{d}\epsilon(x_M,t) \quad \text{mit } x_M = \text{Meßstelle}$$

Für die Verwendung des Meßwertes im Rechner wird die Konstante benötigt, die das Verhältnis von abgetastetem Biegungswert $w_k''(x_M,t)$ zu vorliegender Dehnung $\epsilon(x_M,t)$ beschreibt. Diese Konstante hängt wesentlich vom gewählten Verstärkungsfaktor f_V des Meßverstärkers und von der Auflösung f_{AD} des A/D-Wandlers ab. Die beteiligten Faktoren sind die folgenden:

$$f_V = \frac{2000\ \mu\text{m/m}}{10\ \text{V}} \qquad f_{AD} = \frac{20\ \text{V}}{4096\ \text{Digit}}$$

In f_V ist durch Kalibrierung auch der sogenannte k-Faktor der DMS enthalten, außerdem ist f_V meßbereichsabhängig. Diese Faktoren liefern als Produkt die gesuchte Konstante, die sich in der vorliegenden Arbeit wie folgt errechnete:

$$\begin{aligned} K_{4r} &= 4 \cdot \frac{2}{d} \cdot f_V \cdot f_{AD} \\ &= \frac{8 \cdot 2000\ \mu\text{m/m} \cdot 20\ \text{V}}{120 \cdot 10^{-3}\text{m} \cdot 10\text{V} \cdot 4096\ \text{Digit}} = 65.1042 \cdot 10^{-6} \frac{1/\text{m}}{\text{Digit}} \end{aligned}$$

Hiermit läßt sich dann im Rechner die gemessene Biegung berechnen.

Abschließend sei noch der Zusammenhang zwischen der Dehnungsmessung und den Größen des **MDK**-Modells skizziert. Die Dehnungsmeßstelle liefert die zweite Ableitung der elastischen Auslenkung an der Stelle x_M, also $w''(x_M, t)$. Den Rückschluß auf die einzelnen elastischen Eigenbewegungen lassen die Beziehungen des Ritz-Ansatzes (siehe Abschnitt 2.5) zu. Der Meßwert, z. B. y_M läßt sich dann wie folgt schreiben:

$$y_M = \left(w_1''(x_M) \; w_2''(x_M) \cdots w_n''(x_M) \right) \begin{pmatrix} w_1(t) \\ w_2(t) \\ \vdots \\ w_n(t) \end{pmatrix}$$

D.4 Prozeßrechner

Der Prozeßrechner ist ein 12 Slot VME-Bus System in einem 19 Zoll Gehäuse. Der eigentliche Rechner besteht im Kern aus einem 68020 Prozessor mit 68812 Coprozessor. Beide werden mit 16 MHz getaktet. Neben 1 MB DRAM Speicher, einem 3.5“ Floppylaufwerk, einem 40 MB SCSI Harddisk Laufwerk, einem Timer und vier seriellen RS 232 Schnittstellen sind im Rechner noch eine umfangreiche Prozeßperipherie untergebracht. Alle Baugruppen sind über den VME-Bus miteinander verbunden.

Die Prozeßperipherie besteht aus folgenden Baugruppen, die alle, wie auch die restlichen Rechnerkomponenten, von der Firma ESD (Hannover) geliefert wurden:

- D/A-Wandler (VME-DAC 812-8)
  - 8 Kanäle, 12 Bit Auflösung, 4 μs Wandlungsdauer
  - $\pm$ 5 V Ausgangsspannung
  - galvanische Trennung über Optokoppler
- A/D-Wandler (VME-AD 16)
  - 16 Kanäle (Multiplexer), 12 Bit Auflösung, 100 μs Wandlungsdauer
  - $\pm$ 10 V Eingangsspannung
  - Tiefpaßfilter mit 100 Hz am Eingang
- Digital I/O (VME-DIOC-48)
  - 32 Eingänge , 16 Ausgänge
  - Ausgangslast max. 24 V/0.5 A
  - Optoentkoppelte Ein- und Ausgänge
- Inkrementalzähler Modul (VMOD-INC2 auf VMOD-IO Karte)

- Anschluß für Relativgeber Translationsantrieb
- 24 Bit Vorwärts-Rückwärts-Zähler

Die Bedienung des Rechners erfolgte über ein Schwarz-Weiß Terminal mit zugehöriger Tastatur.

Die Programmierung des Regelalgorithmus erfolgte in der Realzeit Hochsprache PEARL (Process and Experiment Automation Real-time Language). PEARL ist eine an PASCAL angelehnte Programmiersprache, die alle wesentlichen, für die On-Line Realisierung notwendigen Timing Befehle, bereits enthält. Somit ist neben dem eigentlichen Algorithmus auch die Reglereinplanung und die Verwaltung der Prozeßperipherie sehr einfach durchführbar. Als Betriebssystem kam das von GERTH et. al. [23] entwickelte RTOS-UH zum Einsatz, das auf der Sprache PEARL basiert. Sprach-Compiler und Betriebssystem sind in vier EPROMS untergebracht und lassen sich so ohne großen Zeitverlust ansprechen.

Einziges Problem bei der Verwendung einer Hochsprache war die zeitsparende Programmierung des Regelalgorithmus, da dieser in einer Abtastperiode vollständig abgearbeitet werden muß. Wie schon im Abschnitt 3.7 erwähnt, hängt die Abtastzeit von den Eigenfrequenzen im System ab und kann nicht beliebig verlängert werden. Somit mußten hier programmiertechnische Tricks angewendet werden, um den Algorithmus in einer Abtastperiode „unterzubringen". Beispielsweise wurde auf die Benutzung von Subroutine Calls verzichtet. Außerdem wurden die Matrizen- und Vektormultiplikationen „skalar" durchgeführt. Durch diese Maßnahmen konnte eine Abtastperiode von 5 ms beim Einsatz aller vorgesehenen Regelungskomponenten erzielt werden. Das entspricht einer Regelungsbandbreite von 100 Hz. Es konnte damit gezeigt werden, daß auch mit einer Hochsprache eine sehr schnelle Regelung durchführbar ist, so daß auf die mühevolle Assemblerprogrammierung verzichtet werden kann. Voraussetzung hierfür ist natürlich eine schnelle und leistungsfähige CPU. Vielleicht können an dieser Stelle in Zukunft Signalprozessorsysteme, die in Hochsprache programmierbar sein müssen, oder Transputersysteme eine noch bessere Performance erbringen. Letztere vor allem dann, wenn die Regelalgorithmen parallelisierbar sind.

D.5 Technische Daten

Nr.	Größe	Wert	Einheit	
1.	L_1	1.19	m	Länge Rohr 1
2.	L_2	1.09	m	Länge Rohr 2
3.	d	0.12	m	Außendurchmesser Rohr 1
4.	m_1	1.86	kg	Masse Rohr 1
5.	m_2	1.58	kg	Masse Rohr 2 plus bewegte Teile der Struktur
6.	m_l	1.0	kg	Nutzlast BF 1/3
7.	m_l	2.0	kg	Nutzlast BF 2/4
8.	J_{y2}	$4.17 \cdot 10^{-4}$	kg m^2	Massenträgheit Nutzlast BF 1/3
9.	J_{y2}	$1.37 \cdot 10^{-3}$	kg m^2	Massenträgheit Nutzlast BF 2/4
10.	A_2	$5.8 \cdot 10^{-4}$	m^2	Querschnittsfläche der Rohrwand von Rohr 2
11.	ρ_1	1500	kg/m^3	Materialdichte CFK
12.	ρ_2	1500	kg/m^3	Materialdichte CFK
13.	EI_{y_1}	$7.37 \cdot 10^4$	Nm^2	Steifigkeit Rohr 1
14.	EI_{y_2}	$4.48 \cdot 10^4$	Nm^2	Steifigkeit Rohr 2
15.	I_{y1}	$11.2 \cdot 10^{-6}$	m^4	Flächenträgheitsmoment Rohr 1
16.	I_{y2}	$3.80 \cdot 10^{-6}$	m^4	Flächenträgheitsmoment Rohr 2
17.	κ	$1.00 \cdot 10^{-4}$	-	Materialdämpfungskonstante
18.	J_0	9.54	kg m^2	Massenträgheitsmoment des Rotationsantriebes
19.	μ_1	0.142857	-	Getriebeübersetzung (1:7) Translation
20.	μ_2	$3.33 \cdot 10^{-3}$	-	Getriebeübersetzung (1:300) Rotation
21.	ζ	$7.96 \cdot 10^{-4}$	m/rad	Spindelsteigung

Tabelle D.2: Parameter für das **MDK**-Modell

Nr.	Größe	Wert	Einheit	Bemerkungen
1.	K_{1r}	$156.53 \cdot 10^{-3}$	$\frac{\text{Nm}}{\text{Digit}}$	Konstante für rotatorischen Antrieb: Verhältnis von Drehmoment am Getriebeausgang zu digitalem Stellwert im Rechner.
2.	K_{2r}	$20.45 \cdot 10^{-6}$	$\frac{\text{rad}}{\text{Digit}}$	Konstante für den Inkrementalgeber des rotatorischen Antriebs: Verhältnis von zurückgelegter Drehung zu Anzahl der Impulse des Inkrementalgebers unter Berücksichtigung des Getriebes.
3.	K_{3r}	$568.14 \cdot 10^{-6}$	$\frac{\text{rad/s}}{\text{Digit}}$	Konstante für den Tacho des rotatorischen Antriebs: Verhältnis von gemessener Winkelgeschwindigkeit zu digitalem Meßwert im Rechner unter Berücksichtigung des Getriebes.
4.	K_{4r}	$65.1 \cdot 10^{-6}$	$\frac{\text{1/m}}{\text{Digit}}$	Konstante für die Dehnungsmessung: Verhältnis von gemessener Dehnung zu digitalem Biegungsmeßwert im Rechner unter Berücksichtigung aller Komponenten im Meßkanal, wie z.B. Meßverstärker, A/D-Wandler etc. .
5.	K_{1t}	$401.95 \cdot 10^{-3}$	$\frac{\text{N}}{\text{Digit}}$	Konstante für das translatorische Stellglied:Verhältnis von Stellkraft an der Spindel zu digitalem Stellwert im Rechner unter Berücksichtigung von Getriebe und Spindel.
6.	K_{2t}	$1.43 \cdot 10^{-6}$	$\frac{\text{m}}{\text{Impuls}}$	Konstante für die translatorische Wegmessung: Verhältnis von Ausfahrlänge des Armes zu digitalem Meßwert im Rechner unter Berücksichtigung von Getriebe und Spindel.

Tabelle D.3: Parameter aus den Meß- und Stellgliedern

Anhang E

Formelzeichen

Formelzeichen, die im Zusammenhang erklärt werden oder nur einmal auftauchen sind in diese Liste nicht mit aufgenommen worden. Fett gedruckte Buchstaben bezeichnen Vektoren und Matrizen. Ein Punkt über einem Symbol bedeutet eine zeitliche Ableitung. Gestrichene Symbole kennzeichnen eine Ableitung nach dem Ort. Eine Tilde über einem Symbol kennzeichnet die zeitliche Ableitung einer von dem Ort abhängigen Funktion, dessen Ort zeitveränderlich ist. Zur Erläuterung von Symbolen in der Lagrange Auswertung siehe auch im Abschnitt A.3.3.

A	Fläche
$\mathbf{A}$	Systemmatrix
$\mathbf{B}$	Eingangsmatrix
$\mathbf{D}$	Dämpfungsmatrix
d	Außenrohrdurchmesser Rohr 1
E	Elastizitätsmodul
$\mathbf{E}$	Störungsmatrix
EI_{y_1}	Steifigkeit Rohr 1
EI_{y_2}	Steifigkeit Rohr 2
ε, α	Parameter der Ansatzfunktionen
F	translatorische Kraft
$\mathbf{I}$	Flächenträgheitsmatrix
$\mathbf{J}$	Massenträgheitsmatrix
$\mathbf{K_I}$	Inertialsystem
$\mathbf{K_1}$	körpereigenes Koordinatensystem von Rohr 1
$\mathbf{K_2}$	körpereigenes Koordinatensystem von Rohr 2

$\mathbf{K}$	Zustandsrückkopplungsmatrix
$\mathbf{K}$	Fesselungsmatrix
K_{ir}	Rechnerperipheriekonstanten Rotation
K_{it}	Rechnerperipheriekonstanten Translation
κ	(Material-) Dämpfungskoeffizient
L_1	Länge Rohr 1
L_2	Länge Rohr 2
M	rotatorisches Moment
$\mathbf{M}$	Massenmatrix
m_1	Masse Rohr 1
m_2	Masse Rohr 2
m_l	Nutzlast am Ende von Rohr 2
μ_1	Getriebeübersetzung Translationsantrieb
μ_2	Getriebeübersetzung Rotationsantrieb
n	Systemordnung, Anzahl der Ansatzfunktionen
$\phi(t)$	Drehwinkel
R	Reibkräfte und -momente
$r(t)$	Ausfahrlänge
ρ	Dichte
s_1	Schwerpunktslage von Rohr 1
s_2	Schwerpunktslage des Teilstückes von Rohr 2, das in Rohr 1 steckt
T	kinetische Energie
$\mathbf{u}$	Eingangsvektor
V	potentielle Energie
$\mathbf{v}$	Geschwindigkeitsvektor
$w(x,t)$	Ansatzfunktion
$\overline{w}(t)$	zeitabhängiger Teil der Ansatzfunktion
$\overline{\overline{w}}(x)$	ortsabhängiger Teil der Ansatzfunktion
$\boldsymbol{\omega}$	Winkelgeschwindigkeitsvektor
$\mathbf{x}$	Zustandsvektor
$\mathbf{y}$	Vektor der generalisierten Koordinaten
ζ	Spindelsteigung im Translationsantrieb

Bediengeräte zur 3D-Bewegungsführung

Ein Beitrag zur effizienten Roboterprogrammierung

von Hans-Georg Lauffs

1991. X, 114 Seiten (Fortschritte der Robotik, Bd. 9; hrsg. von Walter Ameling und Manfred Weck) Kartoniert. ISBN 3-528-06439-0

Zur Bewegungsführung von Industrierobotern werden häufig Bediengeräte mit Drucktasten eingesetzt. In Verbindung mit älteren Steuerungen wirkten diese Verfahrtasten direkt auf die Gelenkachsen, so daß das exakte Anfahren eines Bahnpunktes einiger Übung bedurfte. Ergonomisch gestaltete, d. h. an den Menschen angepaßte Bedienelemente zur Bewegungsführung müssen Aktionen des Programmierers unkompliziert in Roboterbewegungen umsetzen. Ausgehend vom Aufbau und der Steuerung moderner Industrierobotersysteme beschreibt das Buch Verfahren, Sensoren und neu entwickelte und praktisch realisierte Bediengeräte.

Verlag Vieweg · Postfach 58 29 · D-6200 Wiesbaden